高储能锆酸铅基反铁电薄膜

张天栋　殷　超　冯梦佳／著

U0911221

化学工业出版社
·北京·

内容简介

本书系统阐述了典型反铁电储能薄膜的国内外研究现状与发展趋势，重点介绍了反铁电电容薄膜的改性手段及薄膜柔性化设计。全书共分为 4 章，主要包括绪论、离子掺杂改性锆酸铅反铁电薄膜储能性能、氧化铝介电绝缘层改性锆酸铅反铁电薄膜储能性能和柔性锆酸铅基复合薄膜的耐电强度设计与储能性能等内容。

本书内容精练，脉络清晰，理论与应用并重，可作为高等院校材料科学与工程、电气工程等交叉学科专业学生学习的参考用书，也可为无机绝缘材料、薄膜材料领域的科研人员提供参考。

图书在版编目（CIP）数据

高储能锆酸铅基反铁电薄膜 / 张天栋，殷超，冯梦佳著. -- 北京 : 化学工业出版社，2025. 10. -- ISBN 978-7-122-49000-1

Ⅰ. TN04

中国国家版本馆 CIP 数据核字第 2025VY6921 号

责任编辑：万忻欣　　　　文字编辑：朱　婧　师明远
责任校对：杜杏然　　　　装帧设计：张　辉

出版发行：化学工业出版社
（北京市东城区青年湖南街 13 号　邮政编码 100011）
印　　装：北京科印技术咨询服务有限公司数码印刷分部
850mm × 1168mm　1/32　印张 5　字数 150 千字
2025 年 10 月北京第 1 版第 1 次印刷

购书咨询：010-64518888　　　　售后服务：010-64518899
网　　址：http://www.cip.com.cn
凡购买本书，如有缺损质量问题，本社销售中心负责调换。

定　　价：79.80 元

版权所有　违者必究

前言

电介质电容器是一类极其重要的电能存储器件，其具有功率密度高、充放电响应快、开路电压高等优点，在电磁弹射、输电系统、电动汽车和集成电路领域具有诸多应用。其中，介电储能材料是电容器最为重要的组成部分，直接决定了电容器的使役性能。随着柔性电子技术的快速发展，对嵌入式介电电容器的柔性化也提出了更高要求。电容器及电容薄膜相关研究已成为电气工程和材料科学与工程学科的研究热点。

在当前能源与电子技术快速迭代的背景下，传统介电储能材料在储能密度、稳定性及柔性适配性等方面的短板逐渐凸显，难以满足高端应用场景的严苛需求。而反铁电材料，特别是锆酸铅基反铁电薄膜，凭借其独特的电场诱导反铁电-铁电相变特性，在施加外电场时能产生显著的极化强度变化，为突破传统材料的性能瓶颈提供了全新可能，因而成为介电储能领域的研究焦点。基于此，本书全面总结了近年来介质薄膜的研究进展，从离子掺杂、界面绝缘层构筑和薄膜柔性化设计三个方面对反铁电薄膜的储能性能进行了介绍，为从事电介质材料与器件研究的科研人员、工程师及高校师生提供参考资料。

全书共分为 4 章。

第 1 章为绪论，首先对电介质电容器的基本概念、发展历程及应用场景进行了简要介绍，为读者奠定基础认知；随后深入剖析了储能电介质的研究现状，包括介电储能的基本原理、核心评价指标（如储能密度、效率、充放电速度等），并分类阐述了典型储能电介质材料的特性与研究进展；在此基础上，重点聚焦反铁电薄膜，详细介绍了反铁电 $PbZrO_3$ 的唯象理论与相稳定性规律，为后续研究提供理论支撑；最后总结了反铁电储能薄膜的主要改性手段，包括离子掺杂、取向调控和层状复合等，明确了性能优化的方向与路径。

第 2 章专注于离子掺杂改性，通过钛离子单掺杂、锂离子-铝离子共掺杂、锂离子-镧离子共掺杂等方式调控锆酸铅反铁电薄膜的微观结构，系统研究了不同掺杂体系下薄膜的电学性能（如介电常数、损耗、漏电流等）与储能性能的变化规律，揭示了离子掺杂对相变行为及储能特性的调控机制。

第 3 章探索了氧化铝介电绝缘层的改性作用，首先研究了锆酸铅 / 氧化铝复合薄膜的自极化行为及其形成机制；进而设计了反向双异质结结构，分别对锆酸铅 / 氧化铝 / 锆酸铅、锆钛酸铅 / 氧化铝 / 锆钛酸铅复合薄膜的微观结构、极化行为与储能性能进行了深入分析，为通过界面工程提升薄膜储能性能提供了新思路。

第 4 章则面向柔性电子等新兴应用场景，聚焦柔性锆酸铅基复合薄膜的耐电强度设计与储能性能优化。通过界面层改性、镧离子掺杂、介电绝缘层引入以及界面势垒层构建等多种手段，系统研究了不同柔性复合薄膜（如 $LaNiO_3$-$PbZrO_3$、$Pb_{1-3x/2}La_xZrO_3$、$PbZrO_3/Al_2O_3$、$PbZrO_3$/Mica、$PbZrO_3/Al_2O_3$/Mica 等）的微观结构、电学性能与储能性能，为柔性高储能电介质薄膜的实用化开发提供了关键技术支撑。

特别说明的是，本书为黑白印刷，读者可扫描下方二维码查看彩色图片。

本书由哈尔滨理工大学张天栋、殷超和河北工业大学冯梦佳共同撰写。由于笔者水平有限，书中难免存在不足之处，敬请读者批评指正。

著者

全书图片

目 录

第 1 章 绪论

1.1 电介质电容器概述

高压输电工程换流站、新能源电动汽车逆变系统、电磁武器脉冲功率电源以及微电子器件等领域的可持续发展与能量的有效存储密切相关，开发高性能的储能材料与器件已成为电气工程领域的研究热点之一[1-3]。目前主流的商用储能设备包括电化学电容器、电介质电容器、干电池和燃料电池[4-6]。对于电池设备而言，其利用阴极和阳极电极处发生的氧化还原反应来实现电能与化学能之间的相互转换，但缓慢的化学反应导致电池输运电荷的速率极低。即使拥有超高的能量密度（10～300W·h/kg），但过低的功率密度（＜500W/kg）也使得电池设备无法应用于需要高充放电速率的领域中。电化学电容器则利用电解质离子在电极/电解质界面上的定向运动来引发电子在外部导线上的定向移动进而实现能量的传递，电化学电容器具有较高的功率密度（10～10^6W/kg），但充放电速率仅处于数秒至数十秒量级，并不具备高速充放电场合下的应用条件。相比于电化学电容器和各类电池设备而言，电介质电容器利用电偶极子高速的极化作用来储存电能，因此具有超快的充放电速率、极高的功率密度（10^8W/kg），这是电池和电化学电容器体系不具备的本征优势[7]。图 1-1 给出了上述储能设备功率密度与能量密度之间的对比图。此外，电介质电容器作为纯固态结构，其在电循环寿命、热稳定性、易于制造等方面相比于其他能量储存装置也有着较大优势，因此，电介质电容器在一些大功率电力电子器件、混合动力汽车、电磁弹射武器等脉冲放电系统和电力调节装置中发挥着不可替代的作用[8-10]。

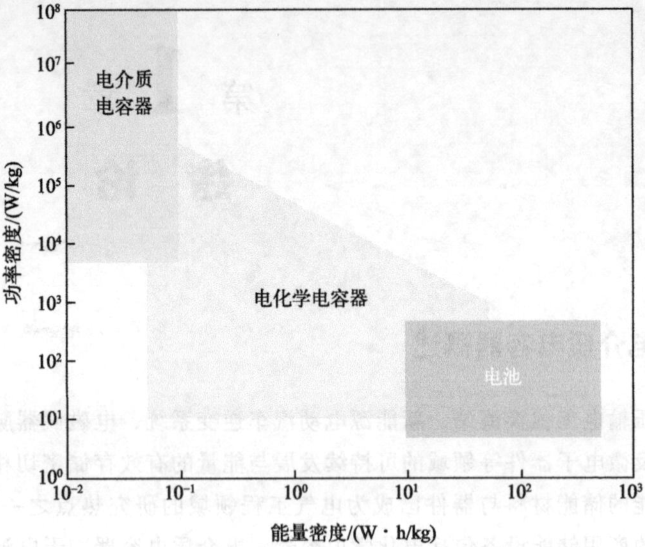

图 1-1　三类储能器件功率密度与能量密度的对比图

事实上，影响电介质电容器实际应用的瓶颈问题在于电介质材料的能量密度相对较低（<0.1W · h/kg），同时占用较大的工程物理空间将会严重限制电介质电容器的应用领域[11]。根据储能电介质材料的不同性质，电介质材料可分为玻璃、陶瓷以及薄膜材料。其中玻璃材料往往具有高击穿场强（E_b），但偏低的介电常数（ε_r）导致其储能性能不佳；陶瓷材料虽然 ε_r 较高，但低 E_b 限制了其储能水平。相比之下，薄膜材料兼具高 E_b 和适中的 ε_r，往往具有优异的储能性能。而在薄膜材料中，有机聚合物薄膜较低的 ε_r 导致其储能密度水平偏低。因此，从优化薄膜材料储能性能的层面来看，目前大量的研究仍主要集中在无机铅基薄膜材料上，这是基于无机铅基薄膜材料具有优异极化特性和良好绝缘性能的本征优势。

$PbZrO_3$(PZO)反铁电材料是无机铅基储能电介质中最为典型的代表之一，特别是反铁电体独特的场致相变效应和近零的剩余极化强度，使PZO反铁电薄膜在储能电介质领域受到了广泛的关注[12-15]。近年来，许多研究致力于从离子掺杂角度改善PZO反铁电薄膜的储能性能，如在Pb^{2+}位上掺杂Ca^{2+}、Ba^{2+}、Sr^{2+}、La^{3+}、Eu^{3+}、Li^{+}-La^{3+}等[16-21]，在Zr^{4+}位上掺杂Ti^{4+}、Sn^{4+}、Nb^{5+}等[22-24]。这些研究表明，离子掺杂诱导的晶格应变对PZO薄膜的相结构和场致相变过程有着显著的影响。但PZO薄膜的储能性能仍未得到充分的提高，特别是场致相变过程中过多的能量损失不仅降低了储能密度，而且加速了绝缘老化，降低了电介质电容器的运行可靠性。因此，迫切需要在PZO反铁电薄膜中找到一种同时提高储能密度和储能效率的有效方法。本书首先试图通过在PZO晶格的不同位置上掺杂离子、对薄膜进行低温退火结晶等手段，力求改善PZO薄膜的储能性能及运行稳定性。

此外，随着可穿戴电子设备、智能传感器等行业的快速发展，以及人们在日常生活中迅速增长的多样化需求，对电子设备在便携性和可弯曲性等方面提出了新的要求[25-27]。柔性电子设备具有良好的弯曲稳定性，在信息、能源和医疗等领域逐渐改变着人们的生活方式。现阶段的柔性电子器件主要应用于柔性弯曲屏手机、柔性铁电随机存储器(FeRAM)、植入式能量采集器(IEHs)等设备中，这些设备在运行过程中所需的能量均来源于柔性储能装置[28-30]。因此，柔性储能材料的开发已成为能源领域最具前景的研究课题之一。本书也将针对PZO基薄膜的柔性化方法开展研究，通过对低温结晶、构建多层异质结构等方法的探索，期望获得兼具出色柔性与优良储能性能的PZO基全无机复合薄膜，以拓宽PZO基薄膜在柔性电子领域的应用渠道。

1.2 储能电介质的研究现状

1.2.1 介电储能的基本原理

(电介质)电容器主要以静电能的形式储存电能，而电能储存和释放的整个过程与电介质的极化过程密切相关，在平行板电容器方面，电介质材料是电容器的核心，其上、下电极通常是具有金属特性的薄层。在外部电场作用下，电介质会被极化并产生极化电荷，这会导致电极上自由电荷的积累。当去除外加电场时，电介质去极化，电极上积累的自由电荷迅速释放，产生脉冲功率。电介质的极化和去极化过程分别代表能量的存储和释放，如图 1-2 所示[8,31,32]。

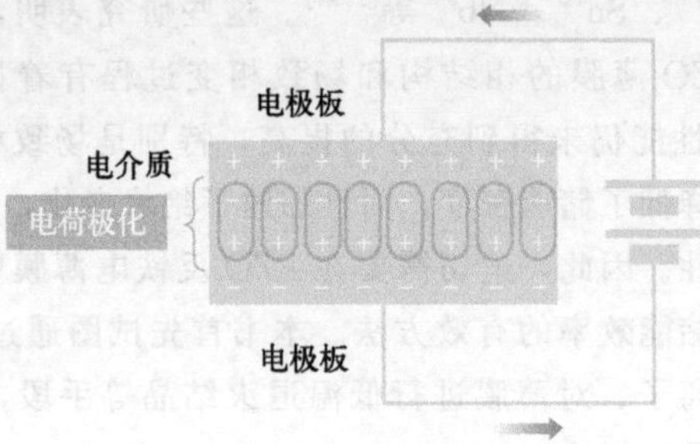

图 1-2　电介质储能原理

电介质电容器的储能能力与电介质的电容值（C）、极化强度（P）和外加电场（E）有关。电容值可以用电荷（Q）相对于电压（V）的增量变化来表示，并使用以下公式进行表述[33-35]：

$$C=\frac{dQ}{dV}=\varepsilon_0\varepsilon_r\frac{A}{d} \tag{1-1}$$

式中，ε_0、ε_r、A 和 d 分别为真空介电常数、相对介电常数、电极面积和样品厚度。

单位体积内储存的能量（W）可以描述为：

$$W=\frac{\int_0^{Q_{max}} V\mathrm{d}Q}{Ad}=\int_0^{D_{max}} E\mathrm{d}D \tag{1-2}$$

电介质材料电荷密度（Q/A）等于电位移 D，且电场强度 E 等同于 V/d。随着电场的增加（减小），电能在电容器中实现存储（释放）。对于线性电介质而言，其相对介电常数与外加电场无关，式（1-2）可以简化为：

$$W=\frac{1}{2}\varepsilon_0\varepsilon_r E^2 \tag{1-3}$$

介电材料中的 D 与 P 存在如下关系：

$$\boldsymbol{D}=\boldsymbol{P}+\varepsilon_0\boldsymbol{E}=\varepsilon\boldsymbol{E} \tag{1-4}$$

$$\boldsymbol{P}=(\varepsilon_r-1)\varepsilon_0\boldsymbol{E} \tag{1-5}$$

在式（1-4）和式（1-5）中，ε 为介电常数，其中，$\varepsilon=\varepsilon_0\varepsilon_r$。在高介电材料中，$D$ 近似等于 P。

1.2.2 介电储能的评价指标

(1) 储能密度

评价电介质电容器储能性能的最重要参数之一是储能密度。储能密度的定义为在外加电场的作用下，电介质单位体积存储的能量。对于线性电介质而言，储能密度与外加电场的平方成正比。而对于非线性电介质如铁电体、弛豫型铁电体和反铁电体而言，总储能密度（W_{tot}）和可释放储能密度（W_{rec}）可以通过对电滞回线（P-E 曲线）积分求解，如图 1-3 所示[36-39]。

$$W_{tot}=\int_0^{P_m} E\mathrm{d}P \tag{1-6}$$

$$W_{rec}=\int_{P_r}^{P_m} E\mathrm{d}P \tag{1-7}$$

式中，P_m 和 P_r 分别为饱和极化强度和剩余极化强度。

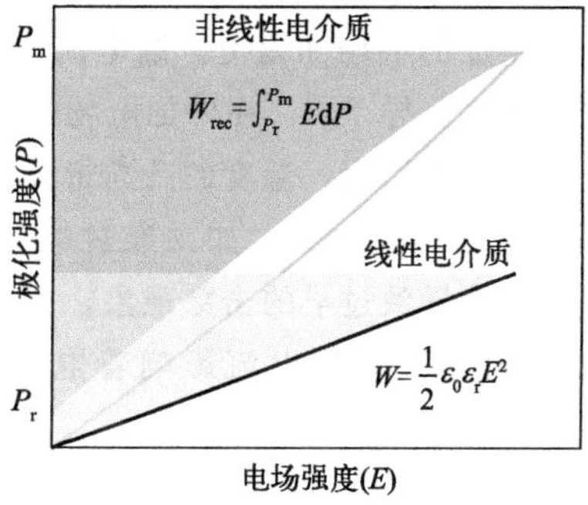

图 1-3 电介质材料的 P-E 曲线[39]

从上述方程可以清楚地看出，高的介电常数、极化强度和耐受电场将有利于电介质材料获得优异的储能密度，要求电介质材料应具有低介电损耗和电子/离子电导率，以适应较高的外加电场，这在实际应用中具有挑战性。在实际应用过程中，理想的介电材料并不存在，在外部电场的作用下，总是会检测到漏电流，从而导致能量损失。此外，对于铁电体/反铁电体，电场驱动下的畴运动也消耗能量，这意味着在放电过程中，只有部分储存的能量可以被释放，其中一部分在充放电过程中被损耗[40]。因此开发出具有超高相对介电常数和电场耐久性的理想介电材料是制造高储能电容器的唯一方法。

(2) 储能效率

电介质电容器的储能效率（η）同样重要，在充放电过程中损失的能量被定义为 W_{loss}。电介质电容器的储能效率通过 W_{rec} 与 W_{tot} 的比值来计算：

$$\eta=\frac{W_{rec}}{W_{tot}}=\frac{W_{rec}}{W_{rec}+W_{loss}} \tag{1-8}$$

为了获得更高的储能效率，电介质材料应具有较低的电滞损耗和剩余极化强度，在实际应用中，较高的储能效率意味着充放电过程中产生更少的焦耳热，进而表现为更优异的可靠性和电容器寿命。

(3) 漏电流

由于样品中存在一定的杂质和缺陷，电介质材料并不是完全的绝缘体，内部存在少量的电流，电介质材料本身具有优异的绝缘特性，在低场下的漏电流可以忽略不计；在高场下载流子不可忽视地注入电介质内部，漏电流的大小取决于所施加的电场和温度。漏电流的传导机制包括电极/电介质界面传导和电介质体传导[41-44]，在外加电场的作用下，内部介电损耗引起介质温升，进而漏电流增大，温度的升高将会导致电介质的漏电流增加，变化规律遵循阿伦尼乌斯方程。如果通过电介质长时间漏电流过高，会使电容器过热，最终导致过早的击穿现象。由于电介质电容器通常工作在高温高压等恶劣环境下，漏电流影响着电容器的可靠性和使用寿命。

(4) 击穿场强

电介质电容器的工作电场决定其工作用途，当电介质材料在足够高的电场作用下，绝缘电阻将会大幅度下降，当电场强度达到一定值时，电介质从绝缘状态转变为导电状态，临界的电场强度为击穿场强（E_b）。击穿将会使材料绝缘性能损失，导致相应器件部分或全部失效[45]，电介质电容器的储能密度与击穿场强密切相关，电介质电容器的击穿场强值取决于材料的相对介电常数和禁带宽度。样品厚度、结构缺陷、相结构、环境（频率、温度、湿度）等因素也会在一定程度上影响击穿性能，制备出具有高质量的电介质材料有利于提升材料的击穿性能。电介质的电导特性也得到广泛研究，电导机制主要包括两类：一类是以肖特基发射为代表的界面限制传导机制，另一类是以欧姆传导、空间电流限制电流（SCLC）和普尔-弗兰凯尔（PF）发射为代表的体限制传导机制[46-48]。

(5) 疲劳性和热稳定性

良好的疲劳耐久性是电介质电容器稳定运行的基本保障，疲劳寿命是指在一定的电场强度下循环测量 P-E 曲线，介电材料的疲劳主要与电介质内的缺陷有关。对于电容器的实际应用，良好的热稳定性是至关重要的，电介质电容器需要具有热稳定的相对介电常数、极化强度和储能特性，才能在恶劣的环境条件下稳定运行，电介质电容器也需具有优异的频率稳定性和弯曲稳定性。

(6) 功率密度

与电池、电化学电容器等储能器件相比，电介质电容器的优势是拥有较高的功率密度，储存的能量可以在很短的时间内释放出来，通常为微秒或者纳秒级别。功率密度 P 可定义为单位体积、单位时间内释放的能量[49]：

$$P=\frac{\mathrm{d}W}{\mathrm{d}t}=\frac{1}{2}\times\frac{\mathrm{d}CV^2}{\mathrm{d}t} \tag{1-9}$$

在多数情况下，功率密度 P 是通过 LCR 电路测试放电电流 i 来计算的，公式如下：

$$i(t)=C\frac{\mathrm{d}V}{\mathrm{d}t} \tag{1-10}$$

$$V(t)=\frac{1}{C}\int_0^\infty i(t)\mathrm{d}t \tag{1-11}$$

$$P=V(t)\times i(t) \tag{1-12}$$

1.2.3 典型储能电介质材料

按照极化特性分类，储能电介质材料可分为线性材料、铁电体材料、弛豫型铁电体材料和反铁电体材料，线性和非线性电介质的电畴结构及其极化特性，如图 1-4[5] 所示。相比于陶瓷块体，薄膜材料具有更为优异的击穿性能和储能特性，在储能电介质领域应用较为广泛，以下为几种典型电介质材料的研究现状。

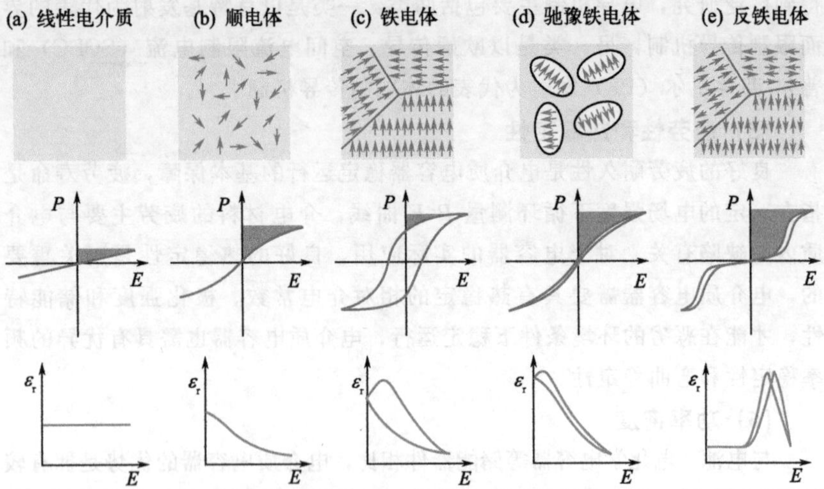

图 1-4 储能电介质材料分类[5]

(1) 线性电介质薄膜

线性电介质材料不存在电偶极子，其极化强度随着外加电场线性增加，且相对介电常数保持恒定，顺电体电介质材料虽含有电偶极子，但没有电畴结构，呈现出类线性特征。线性电介质具有优异的击穿特性，但其较低的极化强度限制了储能性能的提升，因此可通过改善线性电介质的极化特性来优化其储能性能。

表 1-1 列举了代表性线性电介质薄膜的储能特性。Zhang 等人[50] 采用原子层沉积的方法制备了以单斜相为主的高相对介电常数 HfO_2 薄膜，薄膜的击穿场强可达到 4000.0kV/cm，相对介电常数为 26。研究发现，当 HfO_2 薄膜的厚度为 63nm 时，储能密度为 21.3J/cm³，储能效率为 75.0%，并且薄膜具有优异的热稳定性。Yi 等人[52] 通过在 Pt/TiO_2/Si 衬底上沉积纳米级的 TiO_2/ZrO_2/TiO_2 薄膜，TiO_2/ZrO_2 层的相互扩散而产生的压缩化学应力减缓了迟滞现象，从而导致较高的击穿场强和较低的能量损失。通过堆叠 TiO_2/ZrO_2/TiO_2 结构增加薄膜的储能性能，

这是 ZrO_2/TiO_2 界面阻碍了电树枝的生长，导致击穿强度的增加。$TiO_2/ZrO_2/TiO_2$ 堆叠结构的薄膜电容器的储能密度达到 80.0J/cm³。

表 1-1 线性电介质薄膜的储能特性

材料	W_{rec}/(J/cm³)	η/%	E_b/(kV/cm)	参考文献
HfO_2	21.3	75.0	4000.0	[50]
Al_2O_3/TiO_2	60.0	—	—	[51]
$TiO_2/ZrO_2/TiO_2$	80.0	82.0	5500.0	[52]
$Sr_{0.995}(Na_{0.5}Bi_{0.5})_{0.005}(Ti_{0.99}Mn_{0.01})O_3$	65.3	70.8	5000.0	[53]
$SrTiO_3$	55.0	94.7	6500.0	[54]
$BaTiO_3$-$Bi(Ni_{0.5}Zr_{0.5})O_3$	103.7	88.3	8300.0	[55]

Liu 等人[54] 利用溶胶-凝胶法在 Pt (111)/Ti/SiO_2/Si 衬底上制备 $SrTiO_3$ 薄膜，通过 X 射线衍射和电学表征手段，证明了在 750℃的高退火温度下的薄膜材料为铁电相，呈现出较高的极化强度、较低的击穿强度和较大的能量损耗，这对于储能应用是不利的。在 550℃的退火温度下，出现了结晶不充分的钙钛矿相和大量杂质相，导致其具有较低的击穿强度和相对介电常数。测试结果表明，在 650℃下退火的 $SrTiO_3$ 薄膜的储能性能最佳，具有较高的击穿强度和相对介电常数，薄膜的电滞回线呈现出线性电介质特性，其中，储能密度为 55.0J/cm³，储能效率高达 94.7%，调控退火温度可以显著提高溶胶-凝胶处理的 $SrTiO_3$ 薄膜的储能性能。类似研究也有报道，Huang 等人[55] 通过溶胶-凝胶法制备了一种新型微晶-非晶 0.92$BaTiO_3$-0.08Bi ($Ni_{0.5}Zr_{0.5}$)O_3 复合薄膜，通过调整制备工艺在薄膜中构筑击穿强度较高的非晶基体，还引入了纳米尺度的极性微晶区，并在不同的退火温度下均匀分布在非晶基体中。研究不同非晶基体和晶区分布对电介质储能性能的影响，测试结果表明，在 550℃的退火温度下，极性微晶区与非晶基体之间的协同效应最优，薄膜呈现出线性电介质的极化特性，在 8300.0kV/cm 的电场强度下，薄膜获得了 103.7J/cm³ 的储能密度和 88.3%的储能效率。同时在 20～200℃的较宽温度范围内具有良好的储能稳定性，微晶-非晶复合薄膜克服了传统复合薄膜具有的低储能性能和热稳定性差的瓶颈问题，为制备高储能性能的薄膜提供了一种可靠的

途径。

(2) 铁电体电介质薄膜

铁电体具有自发极化的特性，表现出较高的极化损耗和较低的击穿场强，不利于获得优异的储能性能。目前，对铁电薄膜的研究大多关注于提升材料的击穿特性和降低材料的剩余极化强度。

表 1-2 列举了代表性铁电体电介质薄膜的储能特性。Liang 等人[56]通过脉冲激光技术在柔性 Mica 衬底上制备 Ba（$Zr_{0.35}Ti_{0.65}$）O_3 铁电薄膜电容器，选取 $SrTiO_3$ 层作为外延生长的缓冲层，$La_{0.67}Sr_{0.33}MnO_3$ 层用作底电极。研究结果表明，柔性 Ba（$Zr_{0.35}Ti_{0.65}$）O_3 铁电薄膜电容器不仅具有超高的储能性能，而且具备优异的机械弯曲性能和铁电疲劳性能。在－100～200℃超宽温度范围内，电容器具有优异的热稳定性，储能密度接近 65J/cm^3，储能效率接近 73%。Zhao 等人[62] 设计了通过低温（350℃）磁控溅射技术在 Si 衬底上沉积 $BaTiO_3$ 铁电薄膜的制备工艺。测试结果表明，拥有超细柱状晶粒的 $BaTiO_3$ 钙钛矿薄膜具有最优异的极化特性，在低温、以成核为主的溅射沉积过程中，原位生长的 $LaNiO_3$ 缓冲层促进了这些纳米晶粒的形成，细化的 $BaTiO_3$ 晶粒能够降低薄膜的剩余极化强度，延迟饱和极化过程并提升其击穿强度。此外，通过相场模拟过程验证了具有超细柱状晶粒的 $BaTiO_3$ 薄膜能够具有更为优异的储能性能，低温退火制备的 $BaTiO_3$ 薄膜电容器具有 135.0J/cm^3 的储能密度和 80.0%的储能效率，薄膜电容器也具备优异的放电特性。Wang 等人[63] 提出了一种权衡薄膜极化性能和击穿性能的实验方案，利用界面工程构建 $Ba_2Bi_{3.97}Pr_{0.03}Ti_5O_{18}/BiFeO_3$ 多层薄膜，具有 $BiFeO_3$ 夹层的多层薄膜结构设计可以同时调节极化和局部电场强度。$BiFeO_3$ 夹层的引入不仅可以降低孔隙率，而且不会引入较高比例的“死层”，引入 $BiFeO_3$ 夹层有利于释放薄膜中积累的应力，减少外部电场的击穿概率，从而提高击穿强度。随着 $BiFeO_3$ 界面层的增加，层间扩散引起的界面阻塞效应逐渐变弱，导致击穿场强显著降低。测试结果表明，具有 $BiFeO_3$ 夹层的多层薄膜在 4225.1kV/cm 的电场强度下，储能密度和储能效率分别为 79.3J/cm^3 和 75.0%。Guo 等人[60] 通过化学溶液沉积法制备了柔性无铅 $Na_{0.5}Bi_{0.5}TiO_3$-$EuTiO_3$ 薄膜电容器。$Na_{0.5}Bi_{0.5}TiO_3$ 具有巨大的铁电性，被认为是铅基材料的替代品，而纯 $Na_{0.5}Bi_{0.5}TiO_3$ 薄膜通常呈现出

较差的储能性能，由于 $EuTiO_3$ 是顺电性材料，可以改善 $Na_{0.5}Bi_{0.5}TiO_3$ 薄膜的弛豫行为。$Na_{0.5}Bi_{0.5}TiO_3$-$EuTiO_3$ 复合薄膜的储能密度和储能效率均有较大提升，经过 10^5 次疲劳后，薄膜电容器的储能性能几乎不发生改变。

表 1-2 铁电体电介质薄膜的储能特性

材料	W_{rec}/(J/cm³)	η/%	E_b/(kV/cm)	参考文献
$Ba(Zr_{0.35}Ti_{0.65})O_3$	65.1	72.9	6720.0	[56]
$Ba(Zr_{0.15}Ti_{0.85})O_3/Ba(Zr_{0.35}Ti_{0.65})O_3$	83.9	78.4	8300.0	[57]
$BaZr_{0.2}Ti_{0.8}O_3/Ba_{0.7}Ca_{0.3}TiO_3$	42.1	43.3	1731.0	[58]
$Bi_{3.25}La_{0.75}Ti_3O_{12}$-$BiFeO_3$	113.0	80.4	3300.0	[59]
$Na_{0.5}Bi_{0.5}TiO_3$-$EuTiO_3$	65.4	52.0	3173.0	[60]
$(Na_{0.8}K_{0.2})_{0.5}Bi_{0.5}TiO_3$-$Ba_{0.3}Sr_{0.7}TiO_3$	54.8	76.4	3846.0	[61]
$BaTiO_3$	135.0	80.0	7000.0	[62]
$Ba_2Bi_{3.97}Pr_{0.03}Ti_5O_{18}/BiFeO_3$	79.3	75.0	4225.1	[63]
$(Na_{0.5}Bi_{0.5})(Ti_{0.97}Fe_{0.03})O_3$	67.2	75.7	3176.4	[64]

(3) 弛豫型铁电体电介质薄膜

弛豫型铁电体薄膜中存在极性纳米微区，显著缓解了铁电畴之间的协同耦合作用，导致其具有有限的自发极化。弛豫型铁电体保留了正常铁电体的高饱和极化强度，但表现出明显降低的剩余极化强度和纤细的 P-E 曲线，使得材料能够产生更高的储能密度和储能效率。

表 1-3 列举了代表性弛豫型铁电体电介质薄膜的储能特性。Pan 等人[65] 通过脉冲激光沉积技术设计了一种具有多态纳米域的高储能复合薄膜，在相场模拟的指导下，制备了 $BiFeO_3$-$BaTiO_3$-$SrTiO_3$ 薄膜，以实现在立方晶体中嵌入菱方相和四方相纳米畴。在获得较高的极化强度的同时保持较小的能量损耗，复合薄膜具有 112.0J/cm³ 的超高储能密度和 80.0%的储能效率。Lv 等人[67] 通过溶胶-凝胶的方法在 Mica 衬底上制备了一种基于 $(Na_{0.8}K_{0.2})_{0.5}Bi_{0.5}TiO_3$ 和 $Ba_{0.5}Sr_{0.5}(Ti_{0.97}Mn_{0.03})O_3$ 的多层结构全无机柔性薄膜电容器，$(Na_{0.8}K_{0.2})_{0.5}Bi_{0.5}TiO_3$ 薄膜在准同型相界附近

表现出良好的铁电和介电特性，并具有一定的弛豫特征，$Ba_{0.5}Sr_{0.5}(Ti_{0.97}Mn_{0.03})O_3$ 薄膜具有较高的介电性能和击穿性能。多层结构的界面能够阻碍电树枝在薄膜中生长，随着界面数的增加，多层薄膜的击穿场强不断增加。当堆叠数达到 6 时，复合薄膜的储能密度达到 91.0J/cm³。Chen 等人[68] 采用射频磁控溅射技术在 Pt 涂层的硅晶片上制备了 $Ba_{0.3}Sr_{0.7}Zr_{0.18}Ti_{0.82}O_3$ 薄膜。为了获得更高的储能密度和击穿强度，在 $Ba_{0.3}Sr_{0.7}Zr_{0.18}Ti_{0.82}O_3$ 薄膜和顶电极之间插入由 $Ca_{0.2}Zr_{0.8}O_{1.8}$ 线性介电材料组成的人工“死层”。这种人工“死层”不仅是一种高电阻率的线性电介质材料，而且可以在金属/“死层”界面形成更高的电子注入势垒以限制高场条件下电荷的注入。引入“死层”后，$Ba_{0.3}Sr_{0.7}Zr_{0.18}Ti_{0.82}O_3$ 薄膜的储能密度从 64.9J/cm³ 增加到 89.4J/cm³，击穿特性也得到明显提高，击穿场强从 5400kV/cm 提高到 6300kV/cm，结果表明，这种新型 $Ca_{0.2}Zr_{0.8}O_{1.8}$ 层的植入可以作为一种有效的策略来提高铁电材料的储能性能。

表 1-3　弛豫型铁电体电介质薄膜的储能特性

材料	W_{rec}/(J/cm³)	η/%	E_b/(kV/cm)	参考文献
$BiFeO_3$-$BaTiO_3$-$SrTiO_3$	112.0	80.0	5300.0	[65]
$BaTiO_3$-$Bi(Mg_{0.5}Zr_{0.5})O_3$	30.6	70.1	7900.0	[66]
$(Na_{0.8}K_{0.2})_{0.5}Bi_{0.5}TiO_3/Ba_{0.5}Sr_{0.5}(Ti_{0.97}Mn_{0.03})O_3$	91.0	68.0	3035.0	[67]
$Ba_{0.3}Sr_{0.7}Zr_{0.18}Ti_{0.82}O_3$	89.4	65.0	6300.0	[68]
$BiFeO_3$-$BaTiO_3$-$SrTiO_3$	98.0	80.0	4865.0	[69]
Sm-$BiFeO_3$-$BaTiO_3$	152.0	77.0	5300.0	[70]
$Bi_{0.5}Na_{0.5}TiO_3$-$BiNi_{0.5}Zr_{0.5}O_3$	80.4	62.0	2627.0	[71]
$Na_{0.5}Bi_{0.5}Ti_{0.7}Hf_{0.1}Zr_{0.1}Sn_{0.1}O_3$	81.0	74.1	4581.0	[72]
$(Bi_{3.25}La_{0.75})(Ti_{3-3x}Zr_xHf_xSn_x)O_{12}$	182.0	78.0	6350.0	[73]
$Bi_{0.5}Na_{0.5}TiO_3$-$BiZn_{0.5}Zr_{0.5}O_3$	40.8	63.0	1500.0	[14]

Lv 等人[69] 通过交替堆叠弛豫型铁电体 $0.4BiFeO_3$-$0.6SrTiO_3$ 和顺电

体 $Ba_{0.5}Sr_{0.5}TiO_3$ 薄膜，借助元素界面扩散效应实现 $BiFeO_3$-$BaTiO_3$-$SrTiO_3$ 多层薄膜的制备。在薄膜总厚度固定的前提下，通过控制每一层的厚度来调节界面扩散过程，优化薄膜的储能性能，在电场强度为 4756kV/cm 时，$BiFeO_3$-$SrTiO_3$/$Ba_{0.5}Sr_{0.5}TiO_3$ 堆叠层数为 10 的复合薄膜具有超高的储能密度（98.0J/cm^3）和储能效率（80.0%）。由于界面上发生元素扩散形成 $BiFeO_3$-$BaTiO_3$-$SrTiO_3$ 三元固溶体系，呈现出较高的击穿强度和明显的弛豫特性。Yang 等人[42] 制备了一种高熵的 $Bi_2Ti_2O_7$ 基复合薄膜，将等摩尔比的 Zr、Hf 和 Sn 元素引入 Ti 位，将 La 元素引入 Bi 位，形成（$Bi_{3.25}La_{0.75}$）（$Ti_{3-3x}Zr_xHf_xSn_x$）O_{12} 电介质，研究结果表明，通过调节原子构型提高了薄膜击穿强度，降低了极化滞后，协同提高了复合薄膜的储能性能。其中，（$Bi_{3.25}La_{0.75}$）（$Ti_{2.88}Zr_{0.04}Hf_{0.04}Sn_{0.04}$）$O_{12}$ 薄膜表现出最大的储能密度，较高储能密度值应归因于较低的剩余极化强度、高熵诱导的晶格畸变、晶粒细化以及显著提高的击穿场强。Sun 等人[71] 基于 Mn-$Bi_{0.5}Na_{0.5}TiO_3$-$BiNi_{0.5}Zr_{0.5}O_3$ 和 $Bi_{0.5}Na_{0.5}TiO_3$-$BiZn_{0.5}Zr_{0.5}O_3$ 弛豫型铁电体制备了柔性多层薄膜，在堆叠周期为 3 的多层薄膜中实现了极化性能和击穿场强的协同优化，多层异质结构的电场放大效应、界面阻塞效应和极化耦合效应使多层薄膜具有良好的储能性能，其中储能密度为 80.4J/cm^3，储能效率为 62.0%。

(4) 反铁电体电介质薄膜

在反铁电薄膜中，相邻电偶极子沿着相反方向平行排列，在外加电场下呈现出接近于零的剩余极化强度和较高的饱和极化强度。反铁电薄膜具有独特的场致相变行为，表现为双电滞回线特征，进而呈现出优异的储能性能。反铁电材料具有快速场致相变的能力，表明其具有快速的充放电速度，因此人们进行了许多工作来寻找潜在的储能应用，大部分反铁电薄膜的研究集中在 $PbZrO_3$、$PbHfO_3$、$AgNbO_3$ 等材料上。

表 1-4 列举了代表性反铁电体电介质薄膜的储能特性。Lee 等人[73] 通过溶胶-凝胶法在超薄的金属箔衬底上制备了掺 La 元素的 $PbZrO_3$ 基反铁电薄膜，在金属箔衬底和 $PbZrO_3$ 基反铁电薄膜之间引入 $LaNiO_3$ 缓冲层，提高了薄膜的致密性，当 La 掺杂含量为 6%时，薄膜的储能密度为 15.2J/cm^3。Hu 等人[77] 采用溶胶-凝胶法制备了 $Pb_{1-3x/2}La_xHfO_3$ 基反铁电薄膜，对薄膜的微观结构、反铁电性和储能性能进行了研究，

$Pb_{1-3x/2}La_xHfO_3$ 薄膜具有正交的钙钛矿结构和良好的结晶性，La 元素掺杂改变了薄膜晶格结构的长程有序性，呈现出更高的击穿场强和更为纤细的电滞回线。$Pb_{0.985}La_{0.01}HfO_3$ 薄膜的储能性能最优，经过 10^8 次疲劳实验后，储能密度和储能效率分别仅下降了 3.6%和 2.3%。Zhang 等人[76]通过脉冲激光技术制备了 $AgNbO_3$ 外延薄膜，薄膜的击穿场强为 624.0kV/cm，当电场强度超过 300kV/cm 时，$AgNbO_3$ 外延薄膜显示出明显的双电滞回线，在 600kV/cm 条件下，储能密度为 5.8J/cm^3，储能效率为 55.8%。此外，Cheng 等人[80] 提出了一种在硅基板上制备高能密度薄膜的实验方案，采取在 450℃下的射频磁控溅射和沉积后快速热退火相结合的“两步法”制备 Ag（Nb，Ta)O_3 薄膜电容器。低温溅射沉积可以减少二次相的数量，而在 700℃时快速退火可以使纳米晶粒充分结晶，并抑制 Ag（Nb，Ta)O_3 薄膜中纳米晶粒的横向生长，薄膜电容器具有纤细的电滞回线，在 3300.0kV/cm 的电场强度下，具有 3.8μC/cm^2 的剩余极化强度和 38μC/cm^2 的饱和极化强度，进而 Ag（Nb，Ta)O_3 薄膜具有 46.4J/cm^3 的储能密度和 80.3%的储能效率。Tsai 等人[75] 制备了不同取向的外延反铁电 $PbHfO_3$ 薄膜，呈现出优异的极化和储能性能，通过对薄膜取向的优化，显著提高了 $PbHfO_3$ 薄膜的储能密度和高温储能效率。Shen 等人[74] 通过射频磁控溅射技术制备了双层柔性 $Pb_{0.99}Nb_{0.02}(Zr_{0.55}Sn_{0.40}Ti_{0.05})_{0.98}O_3$ 无机薄膜，通过改变溅射气压，调控薄膜的极化特性和击穿特性，基于层间耦合和电场放大效应，薄膜呈现出 39.35J/cm^3 的储能密度和 70%的储能效率。

表 1-4 反铁电体电介质薄膜的储能特性

材料	W_{rec}/(J/cm^3)	η/%	E_b/(kV/cm)	参考文献
La-$PbZrO_3$	17.3	80.0	1000.0	[73]
$Pb_{0.99}Nb_{0.02}(Zr_{0.55}Sn_{0.40}Ti_{0.05})_{0.98}O_3$	39.4	70.0	1988.0	[74]
$PbHfO_3$	21.4	70.0	1300.0	[75]
$AgNbO_3$	5.8	55.8	624.0	[76]
$PbZrO_3$	14.8	58.8	764.0	[15]
$PbHfO_3$	26.7	68.4	1737.0	[77]

续表

材料	$W_{rec}/(J/cm^3)$	$\eta/\%$	$E_b/(kV/cm)$	参考文献
$TiO_2/ZrO_2/TiO_2$	114.5	76.0	5380.0	[78]
$(Pb_{0.94}La_{0.04})(Zr_{0.69}Sn_{0.30}Ti_{0.01})O_3$	16.1	90.0	—	[79]
$Ag(Nb,Ta)O_3$	46.4	80.3	3300.0	[80]

与顺电体、铁电体和弛豫型铁电体电介质薄膜相比，反铁电 $PbZrO_3$ 薄膜在外加电场下会发生可逆的反铁电-铁电相变，具有较大的极化差值并表现出纤细的电滞回线。$PbZrO_3$ 基反铁电薄膜电容器可以同时实现较高的储能密度和储能效率，在储能领域具有良好的发展前景。

1.3 反铁电薄膜的研究现状

1.3.1 反铁电 $PbZrO_3$ 的唯象理论

20 世纪 50 年代，关于 $PbZrO_3$ 的相结构[81,82]、介电性及反铁电性[83]的报道屡见不鲜。由于在相邻单胞中 Pb^{2+} 在（100）晶面沿着<110>方向反平行移动，得到了反平行的电偶极子结构模型[81]。1951 年，C. Kittle 首次提出了反铁电晶体理论，并将反铁电体的晶体结构简化为两套铁电亚晶格复合而成，以唯象理论给出了包含两个铁电序参量 P_a、P_b 的吉布斯自由能（G）表达式，如式（1-13）[84]。由于反铁电体宏观自发极化为零，定义 $P_a=P_b$ 对应于铁电相，$P_a=-P_b$ 对应于反铁电相。几年后，为了更好地理解反铁电序参量的意义，L. E. Cross 定义 $P=P_a+P_b$ 为铁电序参量，$p=P_a-P_b$ 为反铁电序参量，即以 P 和 p 分别作为铁电和反铁电序参量，将吉布斯自由能函数转化为如式（1-14）的形式[85]。

$$G=f(P_a^2+P_b^2)+h(P_a^4+P_b^4)+gP_aP_b \tag{1-13}$$

$$G=\frac{1}{2}\left(f+\frac{g}{2}\right)P^2+\left(f-\frac{g}{2}\right)p^2+\frac{h}{8}(P^4+P^2p^2+p^4) \tag{1-14}$$

以上是考虑反铁电材料在没有外电场情况下的形式。如果外电场非零，则吉布斯自由能函数中需引入含电场项，如式（1-15）[86]。

$$G=\frac{1}{2}\left(f+\frac{g}{2}\right)P^2+\left(f-\frac{g}{2}\right)p^2+\frac{h}{8}(P^4+P^2p^2+p^4)-EP \quad (1\text{-}15)$$

在电场作用下反铁电体会发生场致相变，稳定相的存在是由吉布斯自由能函数的极小值决定的。此外，应力项也对反铁电体自由能函数有着重要影响。以 P、Q 分别作为铁电序参量和反铁电序参量，引入应力后，自由能函数可表示为式（1-16）。在零电场条件下，$Q=0$ 对应于铁电相，$P=0$ 对应于反铁电相，自由能函数取得极小值时，应力状态对自由能函数的关系便可求出，就得到了应力与稳定相的关系[87]。

$$G=a_1P^2+a_2P^4+b_1Q^2+b_2Q^4+cP^2Q^2+s\sigma^2-e_1P^2\sigma-e_2Q^2\sigma-EP \quad (1\text{-}16)$$

2016 年 P. Tolédano 等人发表了关于反铁电相变理论的文章[88]。文中以 P 和 η 分别作为铁电和反铁电序参量，详细探讨了在不同电场强度下，序参量的稳定相的存在形式。在无外加电场时反铁电相为稳定相，此时 $P=0$，$\eta\neq0$；施加电场但电场强度不大时，为亚铁相（FI），$P\neq0$，$\eta\neq0$；电场强度高于场致相变临界电场后，为铁电相，$P\neq0$，$\eta=0$。图 1-5 给出了反铁电态产生的过程及其极化状态在电场作用下的变化[88]。

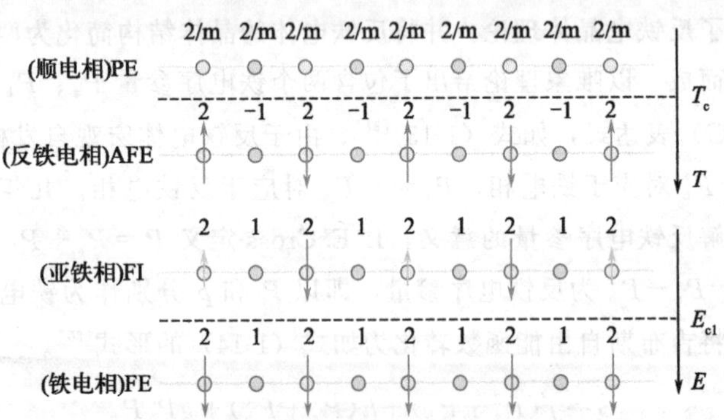

图 1-5 反铁电体局域对称性破缺机制图[88]

1.3.2 反铁电 $PbZrO_3$ 的相稳定性

反铁电 $PbZrO_3$ 的相变包括高温顺电-反铁电相变以及反铁电-铁电场

致相变。如图 1-6 所示，根据修正的 $PbZr_xTi_{1-x}O_3$ 相图可知，$PbZrO_3$ 在温度为 500K 以上时，为立方原型相，当温度低于 500K 时，相结构由立方顺电相转变为正交反铁电相[89]。文献显示，$PbZrO_3$ 反铁电相的出现归因于弹电耦合诱导的光学模与声学模软化，且伴随着强烈的居里外斯型的介电异常。介电异常是由于横光学极性模的软化造成的[90]。而顺电-反铁电相变伴随着纵声学模劈裂并产生横声学模[91-93]。室温下 $PbZrO_3$ 为反铁电相，隶属非极性 *Pbam* 空间群，反铁电性是由（110）晶面内的 Pb^{2+} 相向移动造成的。用少量 Ti^{4+} 取代反铁电 $PbZrO_3$ 的 Zr^{4+}，便很容易转变为铁电菱方相（R）结构，这意味着反铁电相与铁电相间的能量势垒较小[91]。所以，在电场或者应力的作用下，反铁电 $PbZrO_3$ 很容易克服反铁电-铁电相间的相变势垒而发生相变[94]。

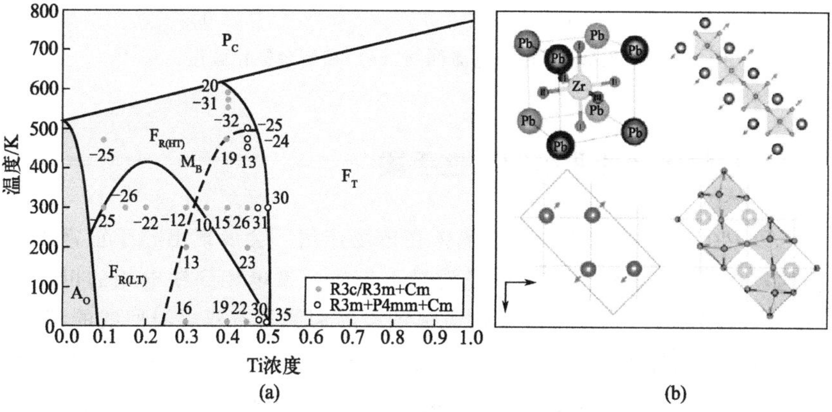

图 1-6 $PbZrO_3$ 的相图（a）及其高温结构与畸变模型（b）[89,90]

文献显示，当 $PbZrO_3$ 外延薄膜的厚度小于 10nm 时，薄膜与衬底界面处存在较大的界面压应力，使得在界面附近出现稳定的铁电菱方相[94]。利用密度泛函理论计算得出结论，$PbZrO_3$ 外延薄膜存在着反铁电与铁电性共存的状态，这是应力与退极化共同作用的结果[95]。由于电极与多晶 $PbZrO_3$ 薄膜间界面层的影响，在薄膜厚度低于 80nm 时，就出现了稳定的铁电相[96]。2015 年，B. K. Mani 等人提出了 $PbZrO_3$ 薄膜反铁电性存在的临界厚度，并指出在没有外禀因素（应力和界面效应）的影响下，$PbZrO_3$ 薄膜厚度在 6.5nm 以下也会处于铁电相。表面效应是铁电相稳定的内禀因素，在临界厚度以下时，超薄薄膜会消除相邻电偶极子的短程交互作用，如图 1-7 所示[97]。可见，无论是掺杂应力，还是晶格错配应力，都对 $PbZrO_3$ 反铁电薄膜场致相变行为有重要影响。

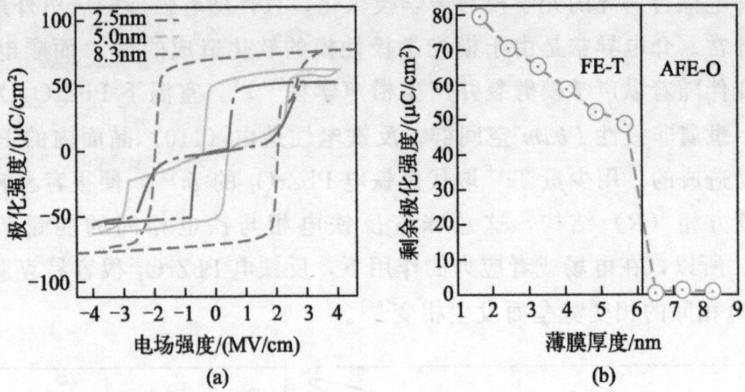

图 1-7　$PbZrO_3$ 薄膜的电滞回线（a）和剩余极化强度（b）[97]

1.4　反铁电储能薄膜的改性手段

以 PZO 体系为代表的反铁电体在电场作用下会展现出异于正常铁电体的极化行为，具体表现为电场诱导下发生反铁电相到铁电相的可逆相变，这种场致相变行为会使反铁电体的电滞回线具有双电滞回线的特征。在场致相变的过程中，严重的极化滞后往往会给反铁电体带来高 W_{loss} 和低 η。同时，与铁电体相比，反铁电体的耐外电场能力较差，这就导致了 PZO 薄膜的储能密度难以达到更高水平[16,21,103]。合理调控反铁电相与铁电相之间的相变电场（$E_{A\text{-}F}$ 和 $E_{F\text{-}A}$）以及设法提高反铁电薄膜的 E_b 是改善反铁电体储能性能的关键。当前对反铁电 PZO 薄膜的改性主要是通过离子掺杂、取向调控、层状复合等方法调整其极化行为并改善其耐外电场能力，进而实现储能性能的优化。各种方法的原理及研究现状介绍如下。

1.4.1　离子掺杂

对具有 ABO_3 钙钛矿结构的反铁电或铁电材料来说，电偶极矩往往与晶胞内离子中心的偏移程度呈正相关[17,99]。目前，离子掺杂对钙钛矿结构的反铁电或铁电材料相结构的影响普遍通过容限因子理论进行解释[100]。容限因子的定义如下：

$$t=\frac{R_A+R_O}{\sqrt{2}(R_B+R_O)} \tag{1-17}$$

式中，t 被定义为容限因子；R_A、R_B、R_O 分别代表钙钛矿 ABO_3 晶胞中 A 位、B 位和 O^{2-} 的离子半径。

对于反铁电 PZO 体系来说，其容限因子 $t=0.97$。若离子掺杂使其容限因子增大至 $t>1$，则 PZO 薄膜的铁电相会更稳定，即反铁电相更容易由场致相变过程转变为铁电相；反之，若掺杂离子后的容限因子减小至 $t<1$，则反铁电相更加稳定。基于此，Hao 等人[17,18] 于 2009 年和 2011 年采用溶胶-凝胶法，分别在 PZO 体系中 Pb^{2+} 所占据的 A 位上引入了 Sr^{2+} 和 Ba^{2+}，这两种离子的半径与 Pb^{2+} 有所差异，其中 Sr^{2+} 的半径（0.118nm）要小于 Pb^{2+}（0.119nm），而 Ba^{2+}（0.135nm）的半径要大于 Pb^{2+}。根据容限因子理论，$(PbSr)ZrO_3$ 和 $(PbBa)ZrO_3$ 薄膜的 t 值相对于 PZO 基体分别降低和提高，对应的电滞回线均因相变电场的改变而偏移，代表着反铁电相的稳定性分别增强和减弱。此外，Hao 等人还首次将容限因子理论应用于改善反铁电 PZO 薄膜的储能性能，小离子半径 Sr^{2+} 的引入降低了 PZO 反铁电薄膜的容限因子，使得 $(PbSr)ZrO_3$ 薄膜的相变电场 $E_{A\text{-}F}$ 得到了提高，所制备的 $(Pb_{0.95}Sr_{0.05})ZrO_3$ 薄膜获得了 14.5J/cm^3 的储能密度和 78%的储能效率，此结果相比于 PZO 基体实现了一定程度的改善。在此后的研究中，无论是单离子 Ca^{2+}、La^{3+}、Eu^{3+}、Au^{2+} 等，还是离子对 Li^+-La^{3+} 等在 PZO 薄膜中的掺杂，均采用了减小容限因子 t 值以增强反铁电相稳定性的思路，进而提高了反铁电 PZO 薄膜的储能性能[16,19-21,101]。

1.4.2 取向调控

薄膜材料往往生长于衬底之上，会受到衬底夹持应力的影响而产生较大的应变，因此具有明显不同于块体材料的性质。合理调控反铁电薄膜在衬底上的生长取向有望调控其场致相变的临界电场并改善其储能性能[102]。近年来，已有研究表明，压缩应变可以提高（001）外延生长反铁电 PZO

薄膜的铁电相稳定性[103]。此外，Ge 等人[104] 系统研究了外延 PZO 薄膜在不同取向基板上的相变电场及储能性能的变化规律。该研究一方面发现 (110) 或 (111) 取向的衬底可以改变薄膜的约束态，并抑制相变电场 E_{A-F} 向高场的转变；另一方面具有 (110) 或 (111) 取向的薄膜具有更大的 P_m 值，(111) 取向生长的 PZO 薄膜相比于 (001) 取向生长的 PZO 薄膜储能密度提高近 70%。基于此，可以认为改变结晶取向和应力性质能够有效调控反铁电 PZO 薄膜的场致相变行为，进而实现储能性能的提升。

1.4.3 层状复合

储能密度与材料介电常数和击穿场强的二次方呈正相关，因此薄膜材料击穿场强的提升历来是研究人员重点研究的方向之一。近年来，有研究发现，通过层状复合结构的设计、在反铁电薄膜中引入异质结构等方法可以调控界面处电荷的注入行为并减小泄漏电流密度，进而有效提高薄膜的击穿场强和储能密度。

Zhang 等人[105] 选择 PZO 和 Al_2O_3 分别作为膜层和绝缘层，构造了具有反向双异质结构的 PZO/Al_2O_3/PZO 多层复合薄膜，并系统地研究了多层薄膜的微观结构、极化行为以及储能性能。研究发现，此多层结构中异质界面形成的自建电场不仅可以抵消外部电场，还可以降低 Al_2O_3 层中的载流子浓度，从而有效提高了 PZO/Al_2O_3/PZO 多层薄膜的耐外电场能力。结果显示，700℃ 结晶的 PZO/Al_2O_3/PZO 薄膜 E_b 值达到了 4181kV/cm，这一结果相比于纯 PZO 薄膜提高了近 4 倍，同时获得 40.6J/cm^3 的高储能密度。以此研究为基础，Yin 等人[106] 在柔性云母衬底上设计了 Al_2O_3/PZO/Al_2O_3/PZO/Al_2O_3 结构的多层复合薄膜，同样实现了击穿场强和储能密度的提升。因受限于柔性衬底上生长薄膜的质量要差于刚性衬底，最终仅获得了 1348kV/cm 的击穿场强以及 28.1J/cm^3 的储能密度，但这一结果相比于相同柔性衬底上生长的 PZO 薄膜仍取得了大幅提高。由此可见，构建多层异质结构的方法对提升薄膜击穿场强和储能性能是一种行之有效的策略。

此外，梯度复合薄膜的构建也可看作一种层状复合的方式。近年来，科研人员针对梯度掺杂的多层复合薄膜进行了诸多研究。例如 Mao 等[107] 制备了 Eu^{3+} 掺杂的多层梯度浓度的 PZO 基复合薄膜，Zhao 等[108] 制备了

不同 La^{3+} 掺杂含量的三层 $Pb_{1-3x/2}La_xZr_{0.85}Ti_{0.15}O_3$ 复合薄膜。两项研究均得出了降浓度梯度薄膜具有更“瘦”的双电滞回线和更高的极化强度，可实现储能密度有效提升的结论。综上所述，层状复合结构设计是抑制薄膜泄漏电流，提高击穿场强，改善 PZO 薄膜储能性能的一种行之有效的方法。

第 2 章 离子掺杂改性锆酸铅反铁电薄膜储能性能

2.1 钛离子掺杂锆酸铅薄膜的储能性能

2.1.1 $PbZr_xTi_{1-x}O_3$ 复合薄膜微观结构

$PbZr_xTi_{1-x}O_3$（PZ_xT_{1-x}）体系是 ABO_3 钙钛矿结构的二元系固溶体，具有优异的铁电或反铁电性能。PZ_xT_{1-x} 体系由 $PbZrO_3$ 和 $PbTiO_3$ 以任意比互溶形成，因此其极化行为与 Zr^{4+}/Ti^{4+} 密切相关。针对当前缺少不同 Zr^{4+}/Ti^{4+} 的 PZ_xT_{1-x} 体系作为储能薄膜材料的系统总结的情况，本章研究不同 Zr^{4+}/Ti^{4+}（20/80、52/48、80/20、100/0）的 PZ_xT_{1-x} 薄膜，探究 PZ_xT_{1-x} 体系中最适宜作为储能材料的 Zr^{4+}/Ti^{4+}。

图 2-1 为不同 Zr^{4+}/Ti^{4+} 的 $PZ_{0.2}T_{0.8}$、$PZ_{0.52}T_{0.48}$、$PZ_{0.8}T_{0.2}$ 以及 PZO 薄膜的 XRD 图谱。从图 2-1(a) 中可以看出，生长在 $Pt/Ti/SiO_2/Si$ 衬底上的 PZ_xT_{1-x} 薄膜已经完全结晶，为单一钙钛矿相结构，无杂相生成。同时四种 Zr^{4+}/Ti^{4+} 的 PZ_xT_{1-x} 薄膜均呈现出（111）取向的择优生长，这是由衬底上 Pt 的生长取向诱发形成的。图 2-1(b) 对应于薄膜在 37°～39.5°区间内的 XRD（X 射线衍射）精细扫描图谱，可以清晰地看出：随

着 Zr^{4+}/Ti^{4+} 的降低，(111) 衍射峰的位置向着高角度方向偏移。这是 $PbZrO_3$ 晶格的 B 位上有更多的小离子半径 Ti^{4+}(0.0605nm) 取代了大离子半径 Zr^{4+}(0.072nm)，导致薄膜 (111) 的晶面间距降低，同时衍射峰偏移的现象也暗示着 Ti^{4+} 在 $PbZrO_3$ 晶格中的成功引入。

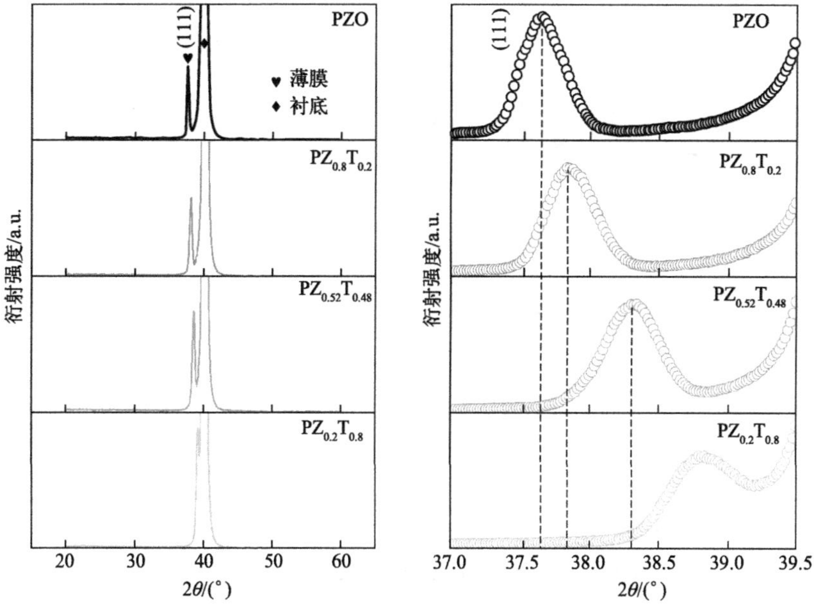

(a) 全谱　　(b) 精细扫描谱

图 2-1　不同 Zr^{4+}/Ti^{4+} 的 PZ_xT_{1-x} 薄膜的 XRD 图谱

一般来说，薄膜材料断面结构的完整性和致密性对薄膜的耐外电场能力及击穿场强会起到决定性作用。图 2-2 给出了不同 Zr^{4+}/Ti^{4+} 的 $PZ_{0.2}T_{0.8}$、$PZ_{0.52}T_{0.48}$、$PZ_{0.8}T_{0.2}$ 以及 PZO 薄膜的 SEM（扫描电子显微镜）断面结构图。从断面结构图中可以看出，四种薄膜的断面形貌均匀致密，无明显的裂纹、孔隙等结构缺陷，薄膜和 Pt 层结合良好，两者之间的界面清晰。所有薄膜断面均呈现柱状晶结构，对应着薄膜的 (111) 织构。薄膜的总厚度均为 240nm，考虑到这四种成分薄膜具有相同的制备条件，均是由 0.3mol/L 的前驱体溶胶在 $Pt/Ti/SiO_2/Si$ 衬底上重复旋涂—热裂解—高温结晶的程序四次得到的，尽管从断面结构无法分辨薄膜不同旋涂层之间的界面，但仍可确定单层旋涂薄膜的厚度约为 60nm。

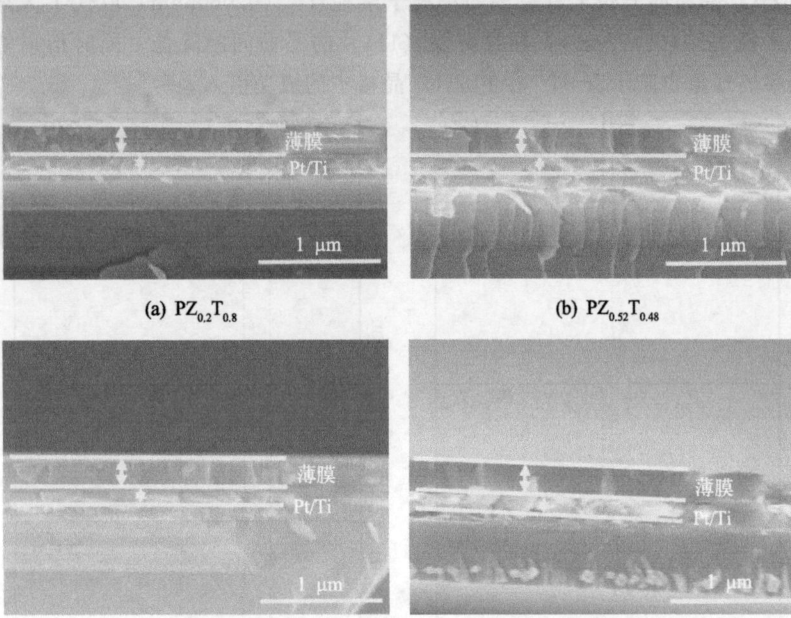

(a) $PZ_{0.2}T_{0.8}$　(b) $PZ_{0.52}T_{0.48}$

(c) $PZ_{0.8}T_{0.2}$　(d) PZO

图 2-2　不同 Zr^{4+}/Ti^{4+} 的 PZ_xT_{1-x} 薄膜的 SEM 断面扫描图像

2.1.2　$PbZr_xTi_{1-x}O_3$ 复合薄膜电学性能

电滞回线的测量是表征薄膜极化行为的一种直观有效的方式。图 2-3 给出了不同 Zr^{4+}/Ti^{4+} 的 PZ_xT_{1-x} 薄膜的电滞回线，为保证样品充分极化，测试频率选择 1kHz。根据电滞回线的形状可以看出薄膜电性能良好，不存在明显的漏电现象，极化强度均随外施电压的增加而增加。此外，$PZ_{0.2}T_{0.8}$、$PZ_{0.52}T_{0.8}$ 以及 $PZ_{0.8}T_{0.2}$ 薄膜均展现出良好的铁电极化行为；而 PZO 薄膜出现了典型的反铁电体双电滞回线的极化特征，即随着外施电压的升高展现出反铁电相到铁电相的可逆相变。按照提到的电介质电容器储能原理，反铁电体电滞回线代表储能的“类矩形”区域面积通常要高于铁电体的“类三角形”区域面积，因此双电滞回线预示着反铁电 PZO 薄膜相比于铁电薄膜可能会具有更好的储能性能。

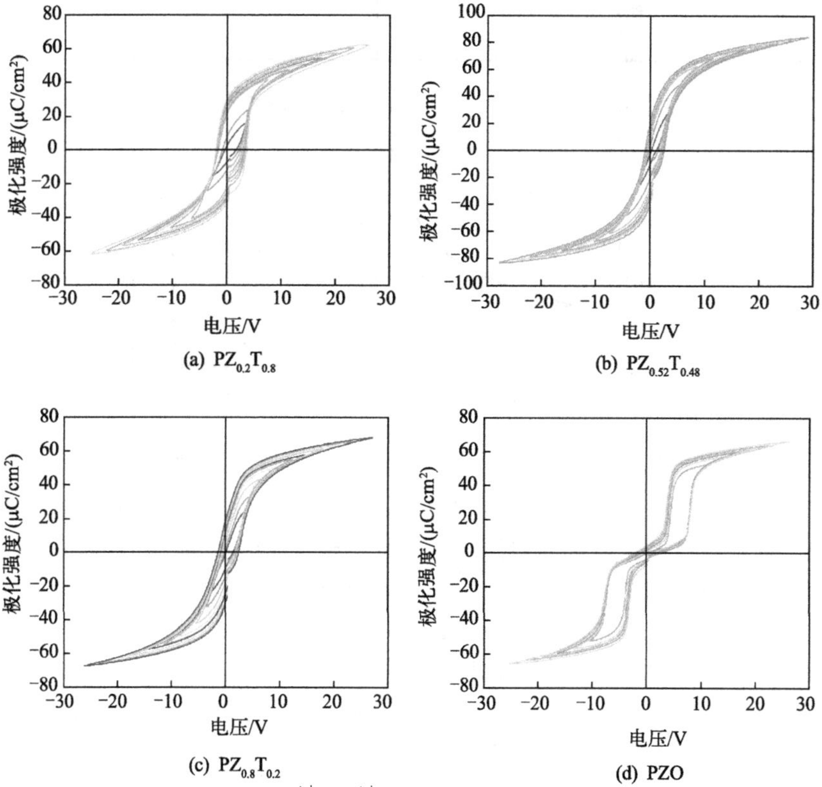

图 2-3　不同 Zr^{4+}/Ti^{4+} 的 PZ_xT_{1-x} 薄膜的电滞回线

图 2-4 给出了 $PZ_{0.2}T_{0.8}$、$PZ_{0.52}T_{0.48}$、$PZ_{0.8}T_{0.2}$ 以及 PZO 四种薄膜在相同外施电压下的电滞回线，可以明显看出 $PZ_{0.52}T_{0.48}$ 具有最大的 P_m 值，这是由于 $PZ_{0.52}T_{0.48}$ 薄膜处于准同型相界（MPB）这一特殊成分，此时在外电场的作用下易发生三方相和四方相的相互转变，MPB 附近的铁电活性离子更易迁移和极化，因此 $PZ_{0.52}T_{0.48}$ 薄膜相比于其他成分的 PZ_xT_{1-x} 薄膜获得了更高的 P_m 值。此外，可以看出随着 Zr^{4+}/Ti^{4+} 的提高，$PZ_{0.2}T_{0.8}$、$PZ_{0.8}T_{0.2}$ 和 PZO 薄膜的饱和极化强度分别为 51.29μC/cm²、57.71μC/cm²、62.83μC/cm²，对应的剩余极化强度分别为 27.54μC/cm²、18.66μC/cm²、0.98μC/cm²，可见 PZO 薄膜的双电滞回线特征使其在反铁电相区域具有近零的剩余极化强度，这对储能同样也是有利的。

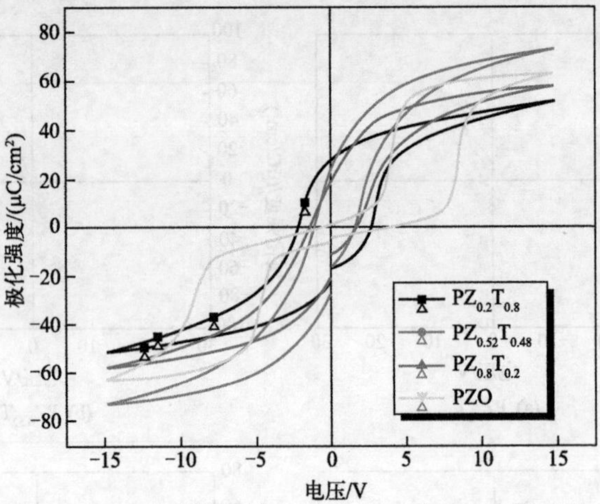

图 2-4　不同 Zr^{4+}/Ti^{4+} 的 PZ_xT_{1-x} 薄膜的电滞回线

虽然相比于 PZO 反铁电薄膜来说，$PZ_{0.52}T_{0.48}$ 铁电薄膜实现了更高的 P_m 值，但根据储能密度和储能效率的计算式（1-6）和式（1-8）可知，薄膜的储能密度是由电滞回线对应的饱和极化强度和剩余极化强度之间的差值（P_m-P_r）以及薄膜可承受的最大外加电场 E_{max} 来共同决定的。$PZ_{0.52}T_{0.48}$ 薄膜的剩余极化强度 P_r 值同样很大，这是 $PZ_{0.52}T_{0.48}$ 薄膜实现高储能性能的瓶颈。图 2-5 给出了不同 Zr^{4+}/Ti^{4+} 的 PZ_xT_{1-x} 薄膜的 P_m-

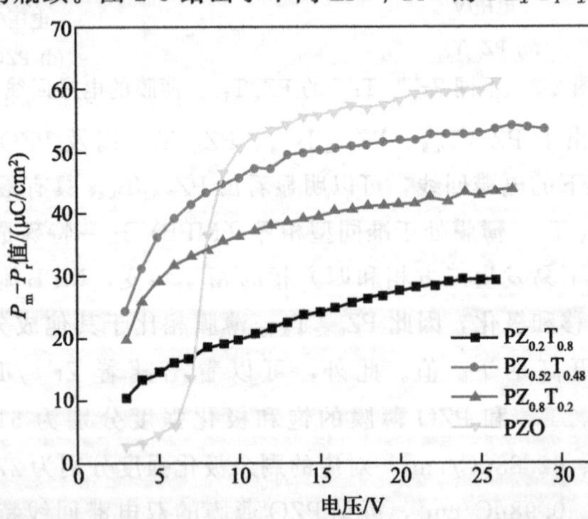

图 2-5　不同 Zr^{4+}/Ti^{4+} 的 PZ_xT_{1-x} 薄膜的 P_m-P_r 值与外加电压的关系

P_r 值与外施电压（也称外加电压）之间的关系。可以直观地看出在低外施电压下，$PZ_{0.52}T_{0.48}$ 薄膜凭借更高的 P_m 具有更大的 P_m-P_r 值。但随着外施电压的增高，反铁电 PZO 薄膜因其近零的 P_r 值，相比于铁电 $PZ_{0.52}T_{0.48}$ 薄膜具有更大的 P_m-P_r 值。

2.1.3　$PbZr_xTi_{1-x}O_3$ 复合薄膜储能性能

击穿场强 E_b 是决定薄膜能否获得高储能密度的另一个重要因素。电介质材料的 E_b 可以通过双参数 Weibull 分布函数进行定量表征，E_b 值可由如下公式得到：

$$X_i = \ln E_i \tag{2-1}$$

$$Y_i = \ln[-\ln(1-P_i)] \tag{2-2}$$

$$P_i = \frac{i}{n+1} \tag{2-3}$$

式中，n 为样品总数；i 为所测试样品的序号；E_i 为样品按降序排列的击穿场强，即 $E_1 \leqslant E_2 \leqslant E_3 \cdots E_{n-1} \leqslant E_n$；$P_i$ 为电介质击穿的概率。

根据双参数 Weibull 分布函数，X_i 与 Y_i 之间存在着线性关系，由拟合直线 $Y_i(X_i)$ 与水平线 $Y=0$ 交点的横坐标可以求出各样品的平均 E_b 值。此外，拟合直线 $Y_i(X_i)$ 的斜率 β 称为形状参数，也称形状因子，代表着 E_b 的分散程度，可用于评价经过双参数 Weibull 分布函数计算所得击穿场强的可靠性。图 2-6 给出了不同 Zr^{4+}/Ti^{4+} 的 PZ_xT_{1-x} 薄膜的 Weibull 分布函数，可以看出在四种 PZ_xT_{1-x} 薄膜中，位于准同型相界成分的 $PZ_{0.52}T_{0.48}$ 薄膜具有最高的击穿场强，达到了 1503.23kV/cm，这一结果是纯 PZO 薄膜（824.25kV/cm）的约 1.82 倍。这与 $PZ_{0.52}T_{0.48}$ 在准同型相界成分处优异的铁电、介电性能密切相关。此外，通过对比四种 Zr^{4+}/Ti^{4+} 的 PZ_xT_{1-x} 薄膜的形状参数 β，可以发现 $PZ_{0.52}T_{0.48}$ 和 PZO 具有最大的 β 值，分别为 10.32 和 18.52。这表明二者相对于 $PZ_{0.2}T_{0.8}$ 和 $PZ_{0.8}T_{0.2}$ 薄膜来说具有更高的耐外电场击穿稳定性。

图 2-7 给出了不同 Zr^{4+}/Ti^{4+} 的 PZ_xT_{1-x} 薄膜在室温不同电场强度下的储能性能，可见随着外施电场强度的增加，$PZ_{0.2}T_{0.8}$、$PZ_{0.52}T_{0.48}$ 和 $PZ_{0.8}T_{0.2}$ 三种薄膜的储能密度均呈线性增加，但反铁电 PZO 薄膜在相变

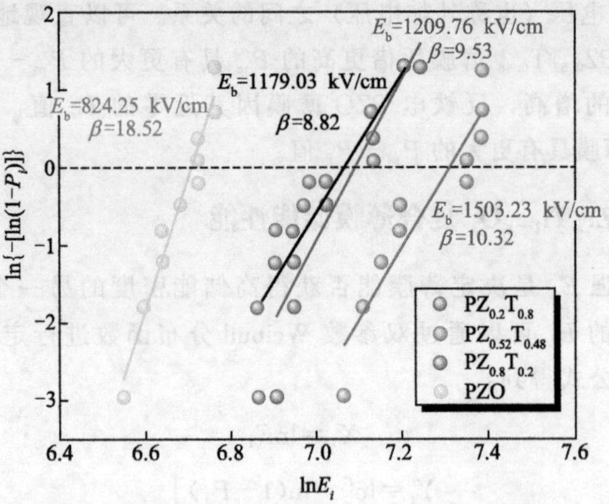

图 2-6　不同 Zr^{4+}/Ti^{4+} 的 PZ_xT_{1-x} 薄膜的击穿强度

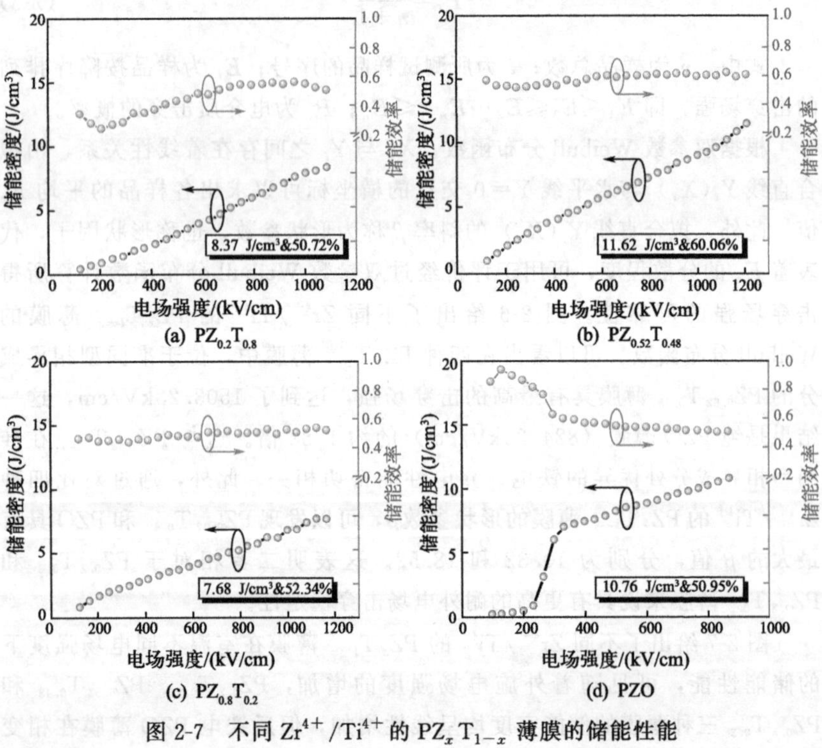

(a) $PZ_{0.2}T_{0.8}$　(b) $PZ_{0.52}T_{0.48}$　(c) $PZ_{0.8}T_{0.2}$　(d) PZO

图 2-7　不同 Zr^{4+}/Ti^{4+} 的 PZ_xT_{1-x} 薄膜的储能性能

电场附近的储能性能出现突变，储能密度随外施电场的增加迅速上升，而储能效率由较高水平（80%以上）迅速下降，此过程对应着PZO薄膜反铁电相到铁电相的场致相变。四种Zr^{4+}/Ti^{4+}的$PZ_{0.2}T_{0.8}$、$PZ_{0.52}T_{0.48}$、$PZ_{0.8}T_{0.2}$和PZO薄膜在最大电场下实现的储能密度分别为8.37J/cm³、11.62J/cm³、7.68J/cm³、10.76J/cm³；相应的储能效率分别为50.72%、60.06%、52.34%、50.95%，位于MPB附近的$PZ_{0.52}T_{0.48}$薄膜具有最佳的储能性能。由此可见，尽管$PZ_{0.52}T_{0.48}$薄膜的P_m-P_r值在高电场下要低于PZO，但薄膜的储能密度是P_m-P_r和E_b综合作用的结果，$PZ_{0.52}T_{0.48}$薄膜更高的E_b值对PZ_xT_{1-x}体系储能性能的优化起到了主要作用。综合比较之下，$PZ_{0.52}T_{0.48}$薄膜的储能性能更为优异，在PZ_xT_{1-x}体系中更适合作为电介质电容器的储能薄膜材料。此外，PZO薄膜具有独特的场致相变行为和相对较好的储能性能，如果能够对其场致相变过程进行合理的调控并提高其击穿场强，反铁电PZO薄膜同样具有应用于高性能电介质电容器的潜力。

除了储能密度和储能效率外，温度稳定性也是衡量电介质电容器综合性能的重要标准。电容器薄膜在实际应用场合下需要在高温环境中短时传输大量能量，具有良好高温稳定性的薄膜电容器一般无须安装二次冷却系统，能够有效减少电力系统的体积和额外成本，对脉冲功率器件的集成化具有重要意义[56,109]。与依靠电解液工作的锂电池系统不同，电介质电容器属于固态能量存储系统，温度对其系统结构的影响不大。在一定的电场强度下，极化强度才是影响电介质电容器储能性能温度稳定性的关键因素。

图2-8给出了外施电场强度为833.33kV/cm时，PZ_xT_{1-x}薄膜的极化强度与测试温度之间的关系。可见对于不同Zr^{4+}/Ti^{4+}的PZ_xT_{1-x}薄膜，其P_m值整体随着测试温度的升高而降低，这是因为离子位移产生的电偶极矩随着测试温度的升高对P_m的贡献逐渐降低。同时，在20～140℃区间内，四种薄膜的P_m-P_r值也随着温度的升高而降低。其中$PZ_{0.2}T_{0.8}$的P_m-P_r由27.49μC/cm²降至14.13μC/cm²；$PZ_{0.52}T_{0.48}$的P_m-P_r由51.85μC/cm²降至39.75μC/cm²；$PZ_{0.8}T_{0.2}$的P_m-P_r由41.51μC/cm²降至26.62μC/cm²；PZO的P_m-P_r由61.22μC/cm²降至40.12μC/cm²。此结果说明随着温度的升高，PZ_xT_{1-x}薄膜的储能性能可能会存在一定程度的劣化。

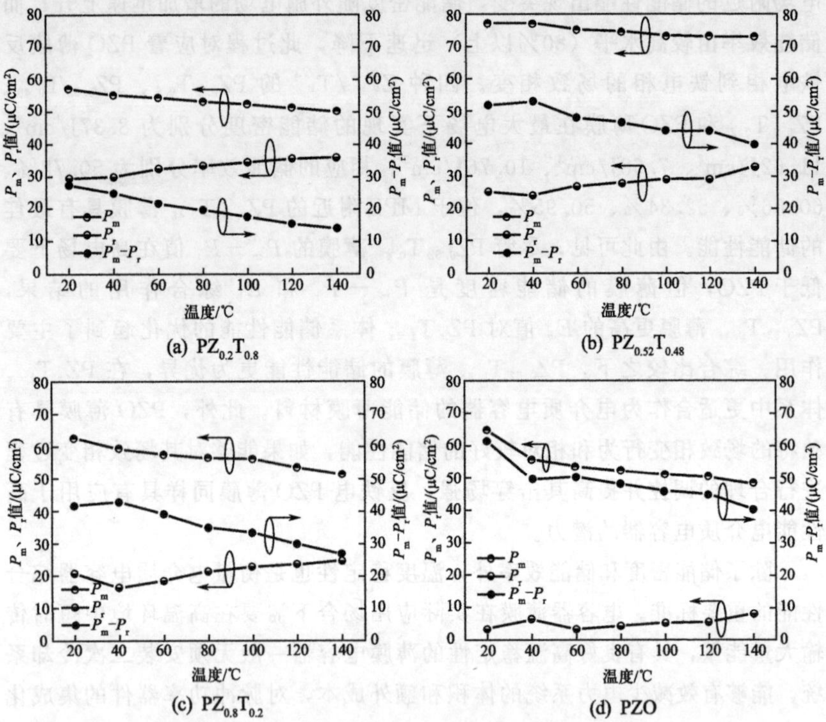

图 2-8 PZ_xT_{1-x} 薄膜的极化强度与温度的关系

图 2-9 给出了电场强度为 833.33kV/cm 时，PZ_xT_{1-x} 薄膜储能性能在不同测试温度下的稳定性，测试温度区间选择 20～140℃。P_m-P_r 值与测试温度呈负相关，这就导致薄膜的储能密度随温度升高而降低。在测试温度区间内，$PZ_{0.2}T_{0.8}$ 的储能密度由 6.38J/cm³ 下降到 5.21J/cm³，降幅达 18.34%；$PZ_{0.52}T_{0.58}$ 的储能密度由 7.86J/cm³ 下降到 6.84J/cm³，降幅达 12.98%；$PZ_{0.8}T_{0.2}$ 的储能密度由 5.52J/cm³ 下降到 4.56J/cm³，降幅达 17.39%；PZO 的储能密度由 10.34J/cm³ 下降到 8.12J/cm³，降幅达 21.47%。由此可见，PZ_xT_{1-x} 薄膜整体的温度稳定性并不理想，相比之下，反铁电 PZO 薄膜的储能密度随温升的劣化最为严重。究其原因，一方面是反铁电相到铁电相的相变势垒随温度升高而降低，高温下的铁电相在撤去电场后仍可作为一种亚稳态存在，铁电相稳定性的增强使薄膜剩余

极化强度 P_r 整体呈上升趋势；另一方面，反铁电 PZO 的居里温度（T_c=235℃）较低，饱和极化强度 P_m 随测试温度的升高而降低。在 P_m 和 P_r 两因素的同步作用下，P_m-P_r 的值大幅降低，这是反铁电 PZO 薄膜温度稳定性较差的根本原因[89]。此外，PZ_xT_{1-x} 薄膜的储能效率随着测试温度的升高略有降低，但降幅均维持在 5%范围内。

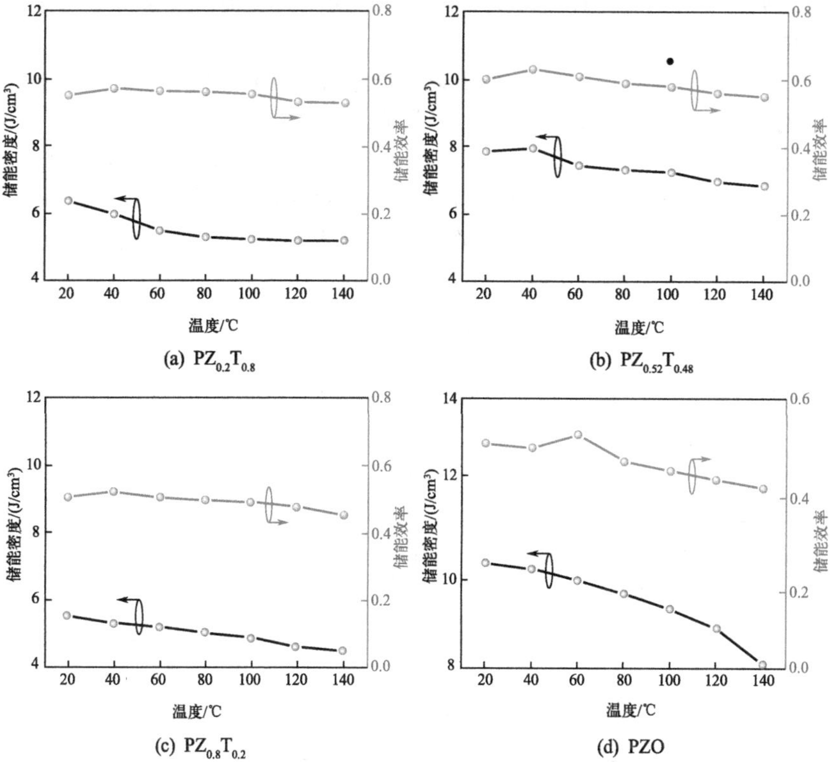

图 2-9　PZ_xT_{1-x} 薄膜储能性能的温度稳定性

2.2　锂离子-铝离子共掺杂锆酸铅薄膜的储能性能

2.2.1　$Pb_{1-x}(Li_{0.5}Al_{0.5})_xZrO_3$ 复合薄膜微观结构

反铁电 PZO 极化行为具有独特的场致相变属性，在储能领域受到广泛的关注。但相变的过程总是伴随着相变滞后效应，在引发较大能量损失的同时降低了击穿场强，进而导致其储能密度和储能效率偏低。本章提出了一种协同策略，一方面在 PZO 晶格中引入小离子半径的 Li^{+}-Al^{3+}，探究 Li^{+}-Al^{3+} 在 $Pb_{1-x}(Li_{0.5}Al_{0.5})_xZrO_3$［$P_{1-x}(L_{0.5}A_{0.5})_xZO$］薄膜中的存在形式以及对 PZO 极化行为的影响规律；另一方面通过改变薄膜的退火温度来调控薄膜的晶化程度以及极化行为，期望大幅提高复合薄膜的储能性能。

在 PZO 薄膜中 Li^{+}-Al^{3+} 的掺杂含量记为 x。本节采用之前介绍的薄膜制备工艺，在刚性 $Pt/Ti/SiO_2/Si$ 衬底上成功制备了 $P_{1-x}(L_{0.5}A_{0.5})_xZO$ 薄膜。图 2-10 给出了 $P_{1-x}(L_{0.5}A_{0.5})_xZO$ 薄膜在 x=0%、2%、4%、6%、8%时的 XRD 衍射图谱。从图 2-10(a) 的衍射峰扫描全谱中可以观察到薄膜均为纯钙钛矿相结构，没有观察到二次相的出现，同时所有成分的

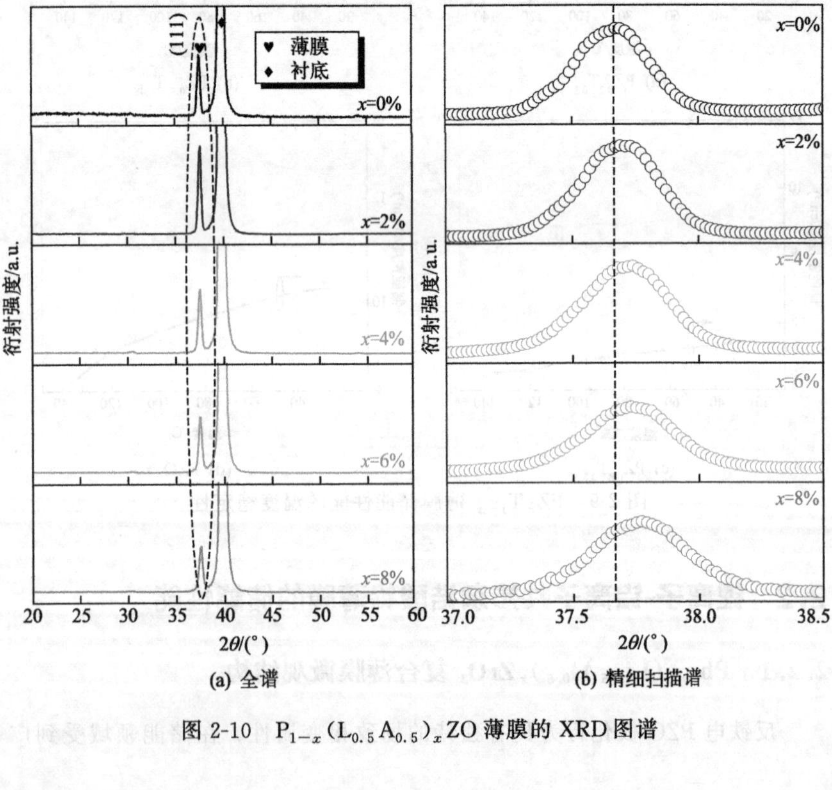

(a) 全谱　　(b) 精细扫描谱

图 2-10 $P_{1-x}(L_{0.5}A_{0.5})_xZO$ 薄膜的 XRD图谱

$P_{1-x}(L_{0.5}A_{0.5})_xZO$ 薄膜均表现出一定程度的（111）择优生长。图 2-10(b) 给出了薄膜（111）衍射峰在 37°～38.5°的精细扫描谱，可以看出随着 Li^+-Al^{3+} 掺杂含量的增加，（111）衍射峰对应的 2θ 向着高角度方向偏移。这是由于 Li^+（约 0.076nm）和 Al^{3+}（约 0.0535nm）的离子半径均小于 Pb^{2+}（约 0.119nm），因此随着 Li^+-Al^{3+} 掺杂含量的增加，（111）的晶面间距会逐渐减小。此外，衍射峰的高角度偏移现象也暗示着 Li^+-Al^{3+} 在 PZO 晶格中的成功引入。

为了阐明掺杂 Li^+-Al^{3+} 后 PZO 薄膜相结构的变化，图 2-11(a) 给出了不同 Li^+-Al^{3+} 掺杂含量的 $P_{1-x}(L_{0.5}A_{0.5})_xZO$ 薄膜在 100～800cm^{-1} 频率范围内的拉曼散射光谱。根据相关文献[110,111]，在拉曼散射中，晶体对称性的差异会导致拉曼主动模态的差异：低频区低于 150cm^{-1} 的拉曼峰来源于 Pb-(ZrO_3) 晶格模式；204cm^{-1} 和 245cm^{-1} 处的拉曼峰来源于 Zr-O-Zr 的弯曲模式；344cm^{-1} 和 422cm^{-1} 处的拉曼峰来源于 ZrO_3 的扭转模式；524cm^{-1} 和 666cm^{-1} 处的拉曼峰来源于 Zr-O 拉伸运动的振动模式。可见当 Li^+-Al^{3+} 掺杂含量达到 6%（摩尔分数）时，132cm^{-1} 和 344cm^{-1} 处的拉曼峰逐渐消失。图 2-11(b) 单独给出了典型反铁电体 PZO 与铁电体 $PZ_{0.52}T_{0.48}$ 的拉曼光谱对比图。从图 2-11(b) 中可以明显看出当 Li^+-Al^{3+} 掺杂含量达到 6% 摩尔分数后，$P_{0.94}(L_{0.5}A_{0.5})_{0.06}ZO$ 和 $P_{0.92}(L_{0.5}A_{0.5})_{0.08}ZO$ 薄膜呈现出接近于典型铁电体 $PZ_{0.52}T_{0.48}$ 的拉曼特征峰，这表明了 Li^+-Al^{3+} 的引入使得 PZO 体系在室温下即可产生反铁电相到铁电相的相转变。另有相关文献报道[112]，反铁电 PZO 薄膜在 132cm^{-1} 处拉曼特征峰的强度会随测试温度升高而逐渐减弱，并在其居里温度（234℃）附近消失，此过程对应着 PZO 薄膜在高温下由反铁电正交相向着铁电菱方相的相转变。因此，$P_{0.94}(L_{0.5}A_{0.5})_{0.06}ZO$ 薄膜的拉曼光谱在 132cm^{-1} 处的变化情况暗示着此时的薄膜已由反铁电相逐渐转变为铁电相，即掺杂 Li^+-Al^{3+} 提高的是 PZO 薄膜铁电相的稳定性，而非提高反铁电相稳定性。这一现象明显不同于前人文献中相关的论述，即在 Pb^{2+} 位掺杂小半径离子能够提高 PZO 薄膜反铁电相的稳定性，相反，这一结果类似于第 3 章中的 Zr^{4+} 位（约 0.072nm）掺杂小离子半径的 Ti^{4+}（约 0.0605nm），提高的是 PZO 薄膜铁电相的稳定性。一些相关研究中也展示了这种异常现象的出现[24,111-114]。下面将对相结构变化的原因展开探索分析。

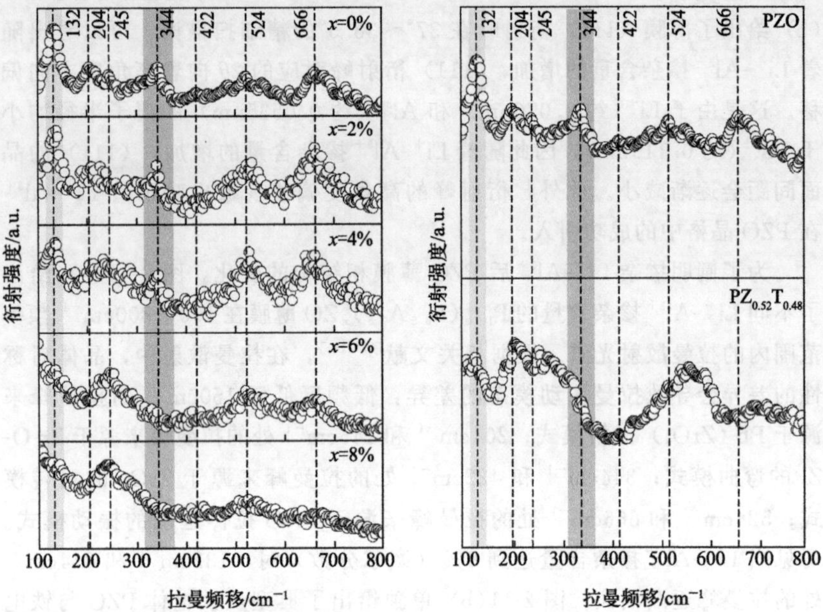

(a) $P_{1-x}(L_{0.5}A_{0.5})_xZO$　　　　(b) $PZ_{0.52}T_{0.48}$

图 2-11　$P_{1-x}(L_{0.5}A_{0.5})_xZO$ 和铁电 $PZ_{0.52}T_{0.48}$ 薄膜的拉曼光谱

在 PZO 体系中引入 Li^+-Al^{3+} 后，明确掺杂离子在晶格中的分布状态与占位情况对分析 PZO 薄膜的相结构变化至关重要。由于生长在 Pt/Ti/SiO_2/Si 衬底上的 $P_{1-x}(L_{0.5}A_{0.5})_xZO$ 薄膜会同时受到衬底夹持应力和掺杂应力的影响，Li^+-Al^{3+} 在 PZO 晶格中的占位情况难以分析。为此，本节采用溶胶-凝胶燃烧法，按照 Li^+-Al^{3+} 在 PZO 薄膜中相同的掺杂含量制备了 $P_{1-x}(L_{0.5}A_{0.5})_xZO$ 陶瓷粉体以消除衬底夹持应力带来的影响，利用无衬底应力影响的陶瓷粉体来研究所掺杂的 Li^+-Al^{3+} 离子在 PZO 晶格中的占位情况。如图 2-12 所示，给出了不同 Li^+-Al^{3+} 掺杂含量的 $P_{1-x}(L_{0.5}A_{0.5})_xZO$ 陶瓷粉体在 42°～45°处的 XRD 精细扫描图谱。可以明显看出（200）和（002）衍射峰分别位于低 2θ 和高 2θ 处，同时从衍射峰的强度看出，$I_{(200)}$ 约为 $I_{(002)}$ 的 2 倍，这代表着 $P_{1-x}(L_{0.5}A_{0.5})_xZO$ 具有典型的正交相结构。随着 Li^+-Al^{3+} 掺杂含量的提高，（200）衍射峰的位置开始

向着高 2θ 处偏移，而 (002) 衍射峰的位置几乎不变。衍射峰的不同步变化一方面说明了掺杂后的 Li^{+}-Al^{3+} 更倾向于在同一 PZO 晶胞中以离子对的形式存在，而非随机分布；另一方面说明 Li^{+}-Al^{3+} 离子对在晶胞中优先占据 [100] 或 [010] 这两个等价方向，而非占据 [001] 方向。

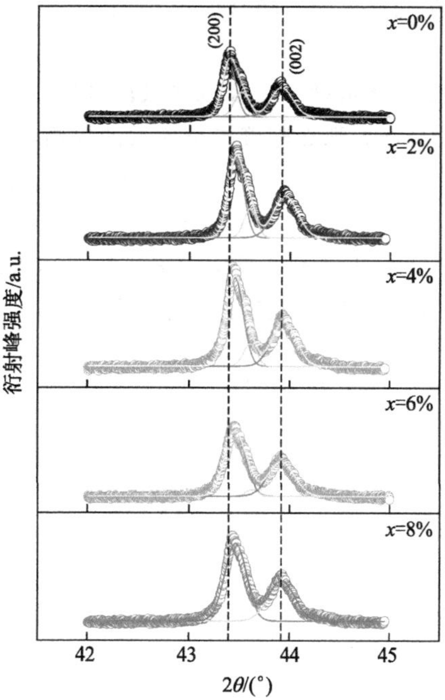

图 2-12　$P_{1-x}(L_{0.5}A_{0.5})_{x}ZO$ 陶瓷粉体 $(200)_{pc}$ 的 XRD 精细扫描图谱

根据以往的研究，在 $BaTiO_3$、$PbZrO_3$ 等 ABO_3 钙钛矿体系中，在静电能和弹性能的共同作用下，共掺杂的离子对往往更倾向于占据相邻晶胞中的 A 位[21,115]。根据容限因子理论，在 A 位掺杂小半径离子可提高 PZO 薄膜反铁电相稳定性，如 PZO 薄膜中单掺杂的 Sr^{2+} 或共掺杂的 Li^{+}-La^{3+} 离子对等[16,18,24,101]。然而，上文中关于 $P_{1-x}(L_{0.5}A_{0.5})_{x}ZO$ 薄膜相结构的分析显示，Li^{+}-Al^{3+} 离子对的掺杂增强了 PZO 薄膜铁电相的稳定性而非反铁电相的稳定性。为此，本节提出这种异常现象的可能机制：

① 当 Li^{+}-Al^{3+} 离子对的掺杂含量小于 6%(摩尔分数) 时，离子对会

作为一种自然偶极子分布于晶胞中，促进反铁电体相邻的反平行偶极子发生极化，进而诱导 PZO 薄膜由反铁电相到铁电相的相变并增强其铁电相稳定性。图 2-13（a）和（b）给出了 Li^+-Al^{3+} 离子对在同一 PZO 晶胞中的分布形式以及作为自然偶极子形成电偶极矩（P_D）的示意图，同时在 P_D 的诱发下产生局部库仑力场（E_D），促进了反铁电体反平行偶极子的极化。

② 假设当掺杂含量超过 6%(摩尔分数）时，Li^+-Al^{3+} 离子对仍沿 [100] /[010] 方向分布，那么随着掺杂含量的提高，(200) 晶面对应的 2θ 角会进一步增加，但实际上图 2-12 中（200）晶面的 2θ 角在 $x=8\%$ 时几乎不变，说明高掺杂含量下 Li^+-Al^{3+} 离子对的占位可能由 A 位（Pb^{2+}）转移到了 B 位（Zr^{4+}），从而形成错位缺陷。根据容限因子理论，B 位小半径离子的引入进一步提高了 PZO 铁电相的稳定性。

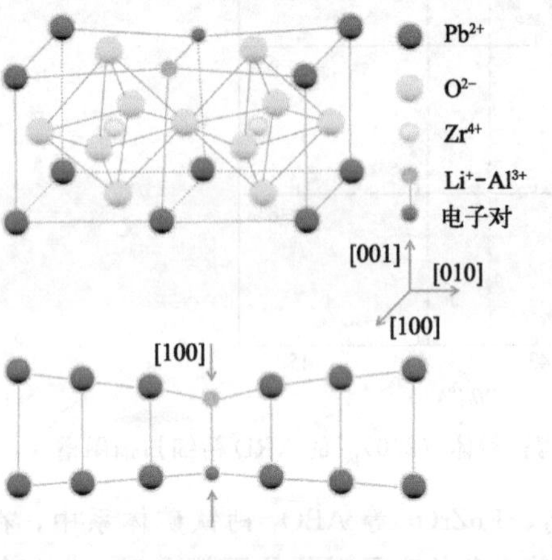

(a) Li⁺-Al³⁺的占位模型

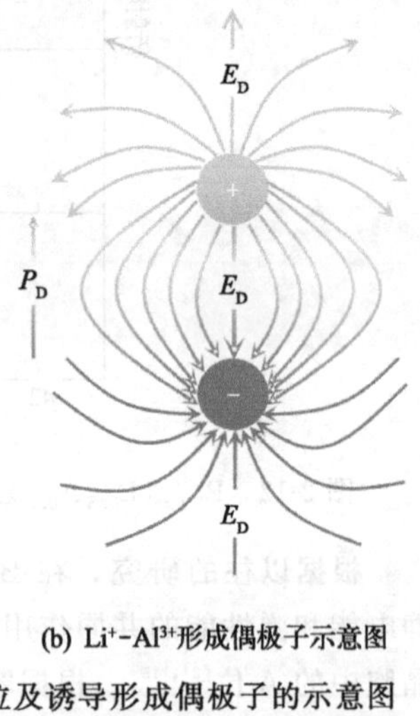

(b) Li⁺-Al³⁺形成偶极子示意图

图 2-13　$PbZrO_3$ 晶胞中 Li^+-Al^{3+} 离子对的占位及诱导形成偶极子的示意图

图 2-14 给出了 $P_{1-x}(L_{0.5}A_{0.5})_xZO$ 薄膜的 SEM 形貌图，可见断面紧凑，无明显孔洞、裂纹，薄膜的厚度均为 300nm 左右。同时随着 Li^+-Al^{3+} 掺杂含量提高，致密度有所改善，这种小离子掺杂提升致密度的现象在 Ca^{2+} 掺杂 PZO 薄膜中也有所体现[16]。致密度对薄膜的 E_b 有着积极作用，有助于获得良好的储能性能。

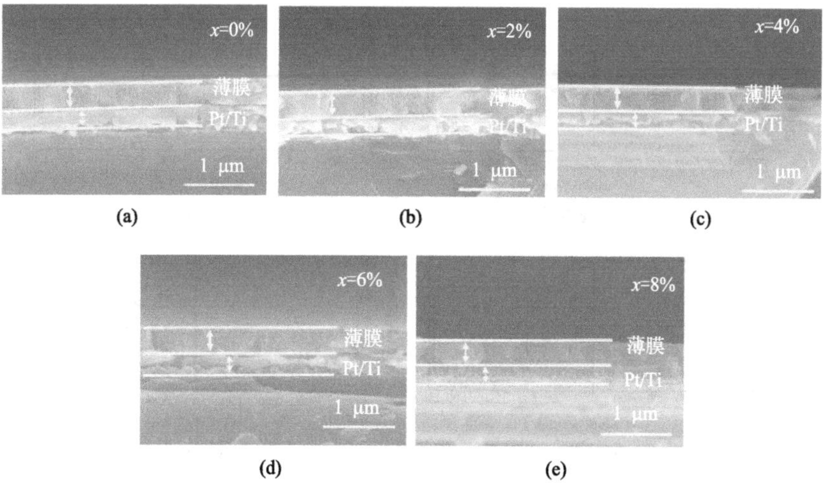

图 2-14　$P_{1-x}(L_{0.5}A_{0.5})_xZO$ 薄膜的 SEM 断面扫描图像

2.2.2　$Pb_{1-x}(Li_{0.5}Al_{0.5})_xZrO_3$ 复合薄膜电学性能

电滞回线（P-E）的测量能够直接反映相应电场强度下薄膜极化强度的大小，开关电流-外施电场（I-E）曲线能够反映出薄膜的相变行为[29,56,116]。图 2-15(a)～(e) 给出了不同掺杂含量下 $P_{1-x}(L_{0.5}A_{0.5})_xZO$ 薄膜的电滞回线，插图为 600kV/cm 电场下相应薄膜的开关电流-外施电场的关系曲线。可见随着 Li^+-Al^{3+} 离子对掺杂含量的提高，电滞回线的形状有着显著的变化。未经掺杂的 PZO 薄膜具有明显的反铁电体双电滞回线和四峰开关电流特征，I-E 曲线四个峰的横坐标分别对应着反铁电/铁电相变和铁电/反铁电相变的电场强度；随着 Li^+-Al^{3+} 掺杂含量的提高，薄膜双电滞回线特征减弱，同时 I-E 曲线四个峰对应的电场强度也有所减小，这是薄膜反铁电相不稳定的表现；当 Li^+-Al^{3+} 离子对的掺杂含量达到 6%(摩尔分数) 这一临界值后，$P_{0.94}(L_{0.5}A_{0.5})_{0.06}ZO$ 和 $P_{0.92}(L_{0.5}A_{0.5})_{0.08}ZO$ 薄膜的双电滞回线特征完全消失，并展现出类似弛豫铁电体的电滞回线。同时伴随着双峰而非四峰的 I-E 曲线，进一步证明了掺杂含量超过 6%(摩尔分数) 时，薄膜的相结构已完全转变为铁电相。这也与上文中关于 $P_{1-x}(L_{0.5}A_{0.5})_xZO$ 薄膜拉曼光谱测试得出的结论相一致。

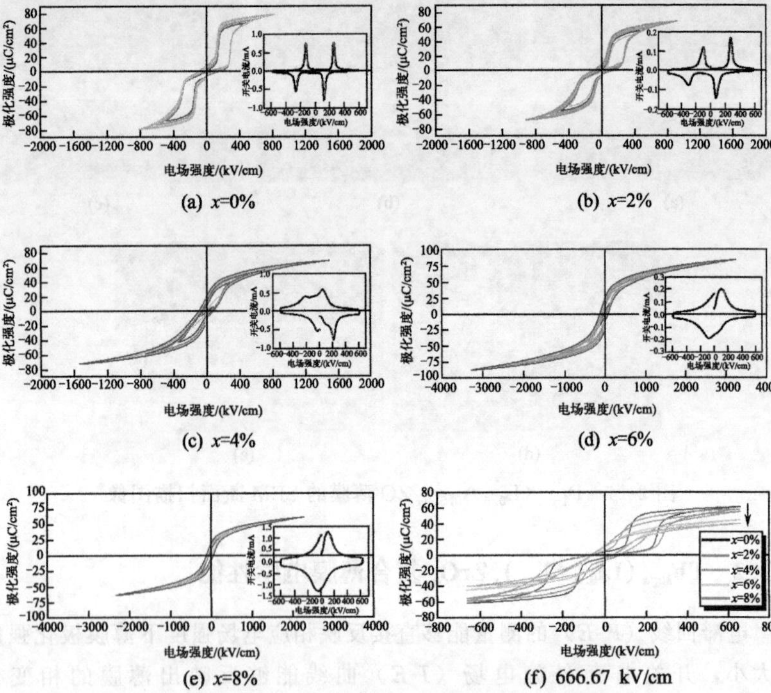

图 2-15　$P_{1-x}(L_{0.5}A_{0.5})_xZO$ 薄膜的电滞回线

本节将 $P_{1-x}(L_{0.5}A_{0.5})_xZO$ 薄膜相结构转变的现象归因于受到了 Li^+-Al^{3+} 离子对掺杂的影响。为了确定此影响的效果，图 2-15(f) 给出了 $P_{1-x}(L_{0.5}A_{0.5})_xZO$ 薄膜在相同电场下（666.67kV/cm）电滞回线的变化情况。可见随着 Li^+-Al^{3+} 离子对掺杂含量的提高，电滞回线的形状变得越来越倾斜和纤细，这种变化有利于薄膜获得更高的储能效率。此外，同一电场下的 P_m 值随 Li^+-Al^{3+} 离子对掺杂含量的提高呈现下降趋势，P_r 值呈现上升趋势，这一结果与薄膜相结构的转变密切相关。

电滞回线发生倾斜的这一现象可能与扩散相变有所关联[16,99]。为了阐明 $P_{1-x}(L_{0.5}A_{0.5})_xZO$ 薄膜中是否存在扩散相变以及扩散相变的程度，图 2-16 给出了 $P_{1-x}(L_{0.5}A_{0.5})_xZO$ 薄膜介电常数和损耗角正切值随温度变化的介温谱。介温谱峰值对应的温度 T_m 为 $P_{1-x}(L_{0.5}A_{0.5})_xZO$ 薄膜反铁电/铁电-顺电相的转变温度，可以看出 PZO 薄膜的 $T_m=229.2℃$。随着 Li^+-Al^{3+} 离子对掺杂含量的提高，$P_{1-x}(L_{0.5}A_{0.5})_xZO$ 薄膜的 T_m 值呈现下降趋势，分别为 206.3℃、183.0℃、173.9℃、164.1℃。此外，T_m 值随着频率的增加向着更高温度方向偏移，由此随着 Li^+-Al^{3+} 离子对掺杂含量的提高，$P_{1-x}(L_{0.5}A_{0.5})_xZO$ 薄膜在 T_m 值减小的同时介电峰逐渐变宽，这代表着相变为弛豫性相变，这与以往文献中掺杂引起扩散相变的变化规律非常吻合[16,117-119]。

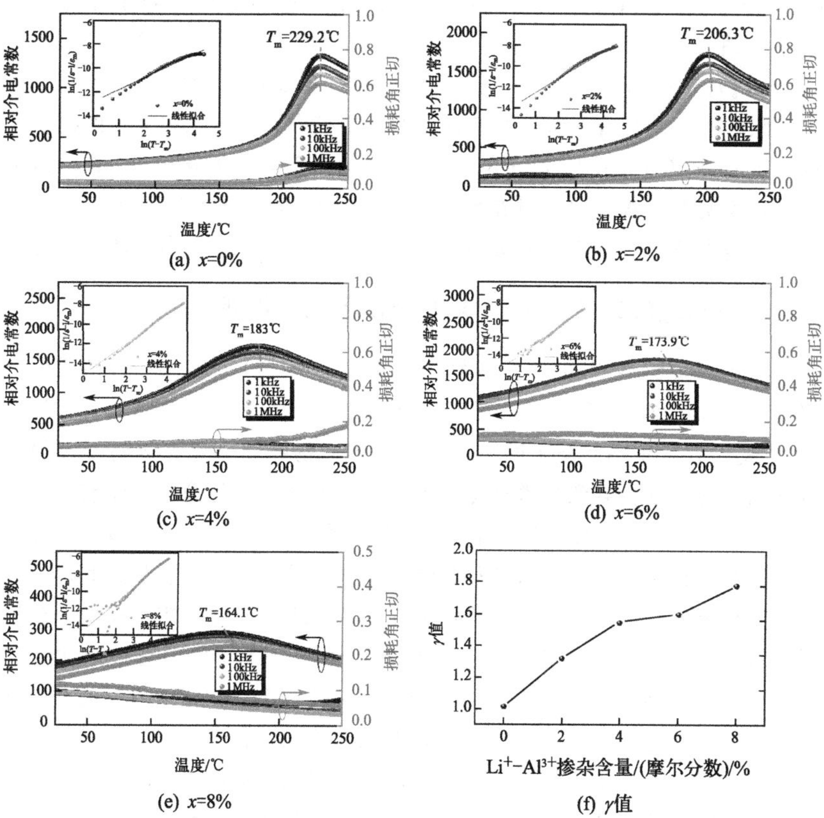

(a) x=0%　(b) x=2%　(c) x=4%　(d) x=6%　(e) x=8%　(f) γ值

图 2-16　$P_{1-x}(L_{0.5}A_{0.5})_xZO$ 薄膜的介温谱与 γ 值

为了定量表征扩散相变的程度，引入修正的居里外斯定律对不同 Li^+-Al^{3+} 离子对掺杂含量的 $P_{1-x}(L_{0.5}A_{0.5})_xZO$ 薄膜进行扩散度计算：

$$\frac{1}{\varepsilon}-\frac{1}{\varepsilon_m}=\frac{(T-T_m)^{\gamma}}{C} \tag{2-4}$$

式中，T_m 是反铁电相到顺电相的相转变温度；ε_m 是 $T=T_m$ 处的介电常数；ε 是 $T>T_m$ 处某一温度下的介电常数；C 是居里常数；γ 是待求的扩散度，$\gamma=1$ 代表具有一级相变特征的铁电或反铁电体，$\gamma=2$ 代表理想的弛豫铁电体。

如图 2-16(a)～(e) 中的插图所示，对 $P_{1-x}(L_{0.5}A_{0.5})_xZO$ 薄膜的 ln $(1/\varepsilon-1/\varepsilon_m)$ 与 ln $(T-T_m)$ 进行线性拟合，拟合直线的斜率即为扩散度 γ。图 2-16(f) 给出了不同 Li^+-Al^{3+} 离子对掺杂含量下 $P_{1-x}(L_{0.5}A_{0.5})_xZO$ 薄膜的 γ 值，可以明显看出，未掺杂的 PZO 薄膜 $\gamma=1.02$，代表此时的相变具有一级相变特征且相变不扩散，这与相关文献的报道一致[118-120]。随着 Li^+-Al^{3+} 离子对掺杂含量的提高，γ 值从 1.02 增加到了 1.78，表明 Li^+-Al^{3+} 离子对在局部晶格应力的作用下增强了相变扩散程度，这是由离子对掺杂所带来的缺陷偶极矩和局部应力分布不均造成的。

2.2.3 $Pb_{1-x}(Li_{0.5}Al_{0.5})_xZrO_3$ 复合薄膜储能性能

利用双参数 Weibull 分布函数定量表征了 $P_{1-x}(L_{0.5}A_{0.5})_xZO$ 薄膜的击穿场强。如图 2-17 所示，随着 Li^+-Al^{3+} 离子对掺杂含量的增加，薄膜的 E_b 值先增大后减小。众所周知，反铁电体的场致相变行为伴随着大的电致伸缩效应，这会导致反铁电体的击穿场强普遍低于弛豫铁电体或正常铁电体[121]。随着 Li^+-Al^{3+} 离子对掺杂含量的增加，$P_{1-x}(L_{0.5}A_{0.5})_xZO$ 薄膜反铁电相特征逐渐减弱且铁电相的特征增强，薄膜的击穿场强因此得以提高。更重要的是，Li^+-Al^{3+} 离子对作为自然电偶极子可以捕获移动的载流子，进一步增强薄膜的绝缘性能。因此，当 Li^+-Al^{3+} 离子对掺杂含量达到铁电相的临界值 6%(摩尔分数) 时，$P_{0.94}(L_{0.5}A_{0.5})_{0.06}ZO$ 薄膜的击穿场强迅速提高，达到 3888kV/cm，同时具有较高的 β 值 (36.84)。然而，当掺杂含量进一步增加到 8%(摩尔分数) 时，根据前文讨论结果，过多的 Li^+-Al^{3+} 离子将从 A 位占据到 B 位，此过程中可能会形成阳离子空位，同时 Li^+-Al^{3+} 离子对的结构也被破坏，这可能使其限制载流子的能力有所减弱，进而导致高掺杂含量下 $P_{0.92}(L_{0.5}A_{0.5})_{0.08}ZO$ 薄膜的击穿场强出现反降。

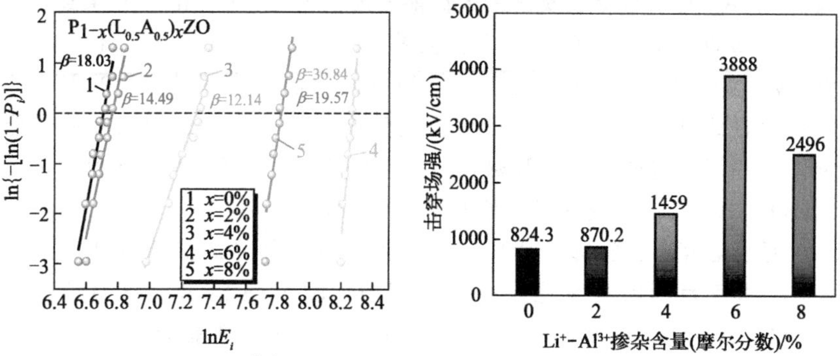

(a) Weibull分布　　(b) 击穿场强

图 2-17　$P_{1-x}(L_{0.5}A_{0.5})_xZO$ 薄膜的击穿强度

在分析 $P_{1-x}(L_{0.5}A_{0.5})_xZO$ 薄膜的极化行为和击穿场强后，根据式(1-6)和式(1-8)对薄膜的储能密度和储能效率进行了计算，结果如图2-18所示。可见整体上 $P_{1-x}(L_{0.5}A_{0.5})_xZO$ 薄膜的储能密度与外施电场强度呈正相关；在低场下，薄膜的储能密度主要取决于 P_m，因此未经掺杂的PZO薄膜在低场下会具有更高的储能密度；随着外施电场强度的增加，E_b 值成为薄膜储能密度大小的决定因素，具有最高 E_b 值的

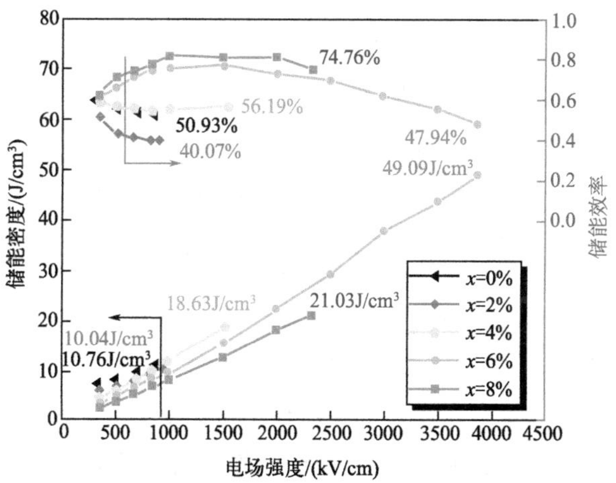

图 2-18　$P_{1-x}(L_{0.5}A_{0.5})_xZO$ 薄膜的储能性能

$P_{0.94}(L_{0.5}A_{0.5})_{0.06}ZO$ 薄膜实现最大储能密度值为 49.09J/cm³，与未经掺杂的 PZO 薄膜相比提高了 356.2%。但需要注意的是，虽然 $P_{1-x}(L_{0.5}A_{0.5})_xZO$ 薄膜实现了超高的储能密度，但相应的储能效率仅为 47.94%，这就代表着此电容器薄膜在实际服役过程中，还会存在大量未释放的能量，这些能量将转移为焦耳热，严重威胁设备长期运行的稳定性，因此 $P_{0.94}(L_{0.5}A_{0.5})_{0.06}ZO$ 薄膜的储能效率仍有待提高。

薄膜电容器在实际应用中，除了需要具有优异的储能性能，还需要在宽频率范围内具有稳定工作的能力。图 2-19 给出了室温条件下 $P_{0.94}(L_{0.5}A_{0.5})_{0.06}ZO$ 薄膜在 2000kV/cm 电场下储能性能的频率稳定性，插图给出了相应测试频率对应的电滞回线。可以看出，在 50Hz～10kHz 的测试频率范围内，电滞回线的形状无明显变化，$P_{0.94}(L_{0.5}A_{0.5})_{0.06}ZO$ 薄膜的储能密度和储能效率仅波动了 3.7%和 3.5%，说明薄膜样品具有良好的频率稳定性。

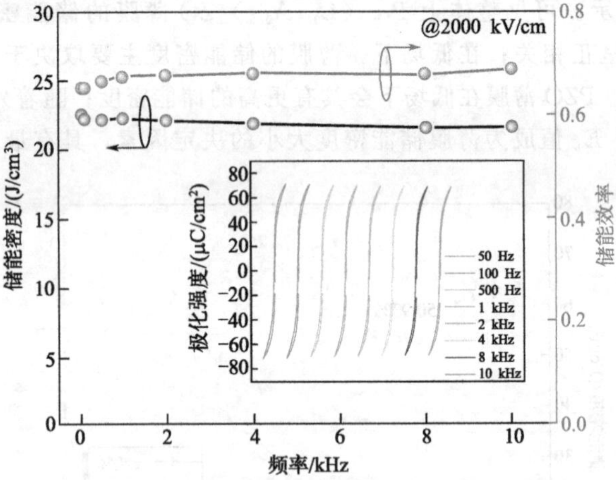

图 2-19 $P_{0.94}(L_{0.5}A_{0.5})_{0.06}ZO$ 在不同频率下的储能性能，插图为相应的电滞回线

电介质薄膜的长期工作稳定性对薄膜电容器具有重要意义。实际上，薄膜电容器的工作电场强度要远低于薄膜的击穿场强。因此，采用 2500kV/cm 的三角波对 $P_{0.94}(L_{0.5}A_{0.5})_{0.06}ZO$ 薄膜进行电疲劳耐久性的测试。如图 2-20 所示，由于极化疲劳效应，薄膜的储能密度和储能效率在

10^5 次电场反转后开始出现劣化，在 10^7 次电场反转后分别下降了 12.1% 和 16.1%。

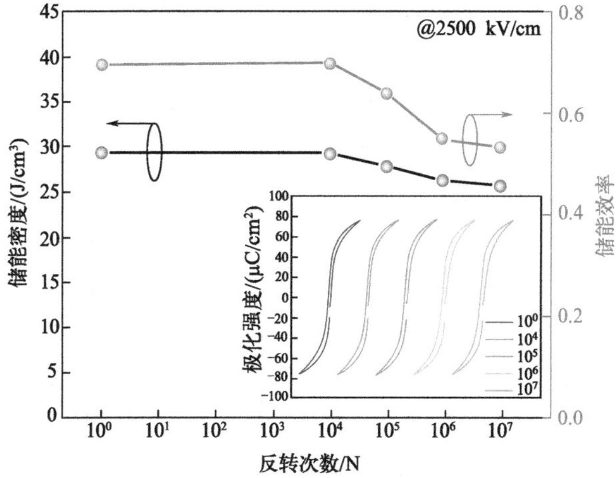

图 2-20 $P_{0.94}(L_{0.5}A_{0.5})_{0.06}ZO$ 薄膜在不同电场反转次数下的储能性能，插图为相应的电滞回线

2.3 锂离子-镧离子共掺杂锆酸铅薄膜的储能性能

2.3.1 $Pb_{1-x}(Li_{0.5}La_{0.5})_xZrO_3$ 复合薄膜微观结构

在 $PbZrO_3$ 薄膜中掺杂不同 Li^+-La^{3+} 含量 x，简记为 $P_{1-x}(L_{0.5}L_{0.5})_xZO$。图 2-21 给出了 $P_{1-x}(L_{0.5}L_{0.5})_xZO$ 薄膜的物相结构 XRD 扫描图谱。从图 2-21(a) 中衍射峰特征可以看出，薄膜为 ABO_3 钙钛矿结构，且无第二相出现；同时，可以发现 $(111)_{pc}$ 衍射晶面的衍射峰强度明显高于其他衍射峰强度，预示着 $P_{1-x}(L_{0.5}L_{0.5})_xZO$ 薄膜存在 (111) 择优取向生长；通过对 $P_{1-x}(L_{0.5}L_{0.5})_xZO$ 薄膜 $(111)_{pc}$ 衍射晶面进行精细扫描发现，随着 Li^+-La^{3+} 掺杂含量的增加，$(111)_{pc}$ 衍射峰位置向高角度偏移，暗示着 Li^+-La^{3+} 掺入 $PbZrO_3$ 晶格中，且掺杂后薄膜的 $(111)_{pc}$ 晶面间距降低。这是因为 Li^+-La^{3+} 的离子半径分别为 0.076nm 和 0.1032nm，均小于 Pb^{2+} 的离子半径 0.119nm。

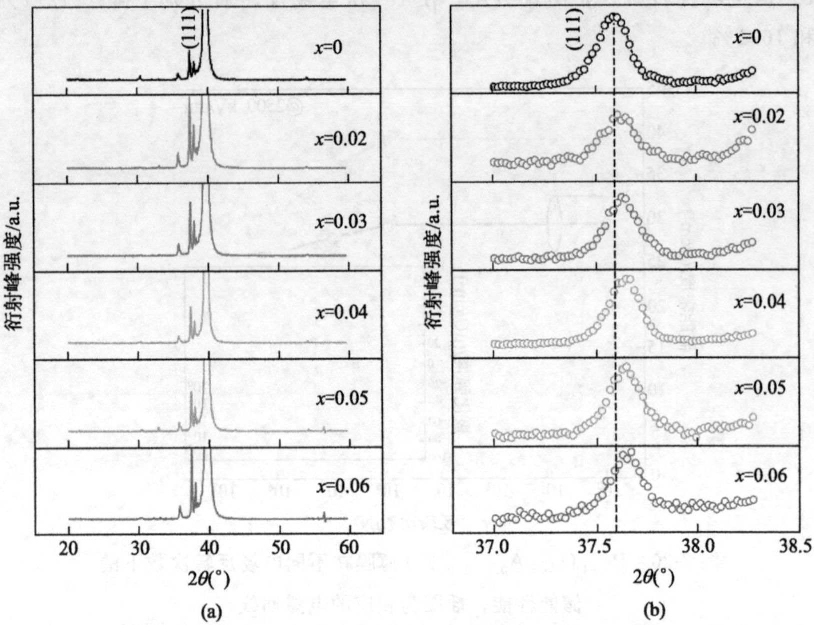

图 2-21　$P_{1-x}(L_{0.5}L_{0.5})_xZO$ 薄膜 XRD 图谱

根据之前的研究结果可知[122,123]，Li^+-Al^{3+} 施主-受主共掺杂 $BaTiO_3$、$PbZr_{0.52}Ti_{0.48}O_3$ 时，由于 Li^+-Al^{3+} 间电负性差较大且离子半径均小于 A 位阳离子的离子半径，在静电能和弹性能的共同驱动下，掺杂的 Li^+、Al^{3+} 倾向于形成 Li^+-Al^{3+} 离子对。文章利用 XRD 分析了不同晶向的晶格畸变程度，确定 Li^+-Al^{3+} 离子对在晶胞中的占位情况[122,123]。由于 $P_{1-x}(L_{0.5}L_{0.5})_xZO$ 薄膜具有（111）织构，减少了分析 Li^+-La^{3+} 占位情况的有效信息。同时，薄膜除了受到掺杂应力的影响外，还受到衬底的夹持应力，使得对 Li^+-La^{3+} 占位情况分析起来相对复杂。因此，根据 $P_{1-x}(L_{0.5}L_{0.5})_xZO$ 薄膜的掺杂含量，我们制备了相同 Li^+-La^{3+} 掺杂量的 $PbZrO_3$ 陶瓷粉体。利用无应力的陶瓷粉体来研究 Li^+-La^{3+} 离子在 $PbZrO_3$ 晶胞中的占位情况。图 2-22 给出了 $P_{1-x}(L_{0.5}L_{0.5})_xZO$ 陶瓷粉体的 $(200)_{pc}$ 晶面衍射峰的精细图谱及该衍射晶面晶格常数与掺杂含量间的关系。由图 2-22(a) 可以看出，$P_{1-x}(L_{0.5}L_{0.5})_xZO$ 陶瓷粉体的（200）衍射

峰强度 $I_{(200)}$ 为（002）衍射峰强度 $I_{(002)}$ 的 2 倍，说明 $P_{1-x}(L_{0.5}L_{0.5})_xZO$ 为典型正交相结构的衍射峰特征。若是 Li^+、La^{3+} 在同一单胞中随机分布，或者占据不同单胞，则衍射峰的变化应具有同一性。随着掺杂含量的增加，$(200)_{pc}$ 衍射峰位置向高角度移动而 $(002)_{pc}$ 衍射峰位置几乎不动，说明 Li^+-La^{3+} 分布在［100］或者［010］方向上，二者等价，而没有分布在［001］方向上。因此，可以判断 Li^+-La^{3+} 倾向于形成 Li^+-La^{3+} 离子对，且占据晶胞中［100］方向上。

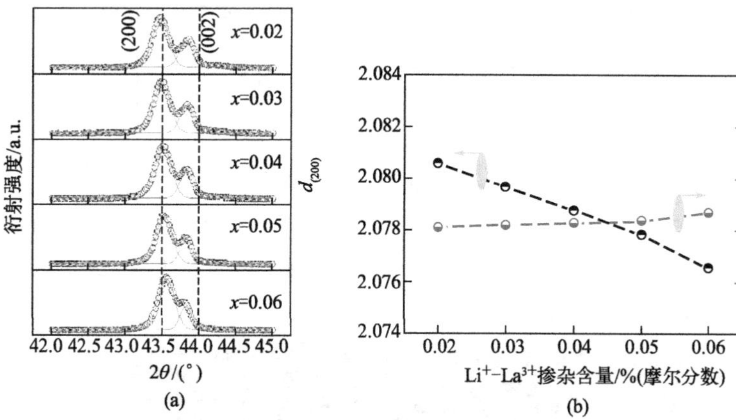

图 2-22　$P_{1-x}(L_{0.5}L_{0.5})_xZO$ 陶瓷粉体的 $(200)_{pc}$ XRD 精扫图和 $(200)_{pc}$ 晶格常数

图 2-23 为 Li^+-La^{3+} 在 $PbZrO_3$ 同一单胞中占据［100］方向的示意图。Li^+-La^{3+} 成对分布会构成缺陷电偶极矩 P_D，方向为［100］。$PbZrO_3$ 室温相结构为正交相，其自发极化方向为［110］，因此，Li^+-La^{3+} 离子对形成的缺陷偶极子 P_D 与自发极化 P_s 方向成 45°角，二者之间存在的相互作用类似于氧空位引起的缺陷偶极子对自发极化的“钉扎”作用。由于 Li^+-La^{3+} 离子半径小于 Pb^{2+} 离子半径，在单胞中存在着单轴压应力。文献显示，压应力会降低场致相变后反铁电材料的饱和极化强度，这是在应力作用下，自发极化沿着外加电场转向受限，导致有部分自发极化电偶极矩对总饱和极化强度没有贡献。尽管如此，压应力同时也会提高场致相变所需的电场强度，提高了反铁电相的稳定性[87,124]。

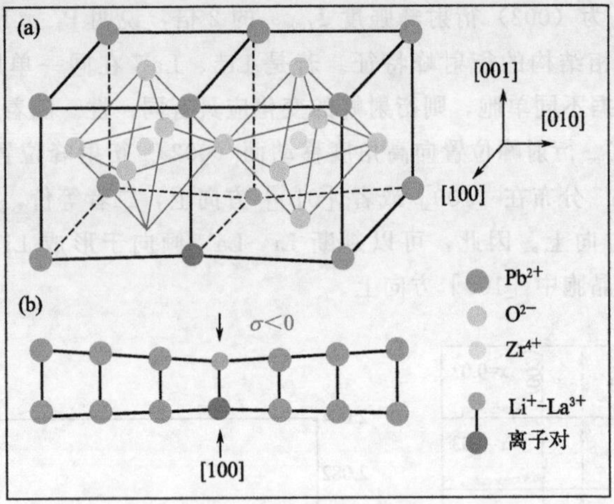

图 2-23　Li^{+}-La^{3+} 在 $PbZrO_3$ 单胞中的占位模型及其诱导的单轴压应力

图 2-24 给出了 $x=0$，$x=0.02$，$x=0.04$，$x=0.06$ $P_{1-x}(L_{0.5}L_{0.5})_xZO$ 薄膜的 SEM 断面扫描结果。薄膜断面组织结构致密，无明显孔洞、裂纹等缺陷，薄膜厚度大约为 250nm。

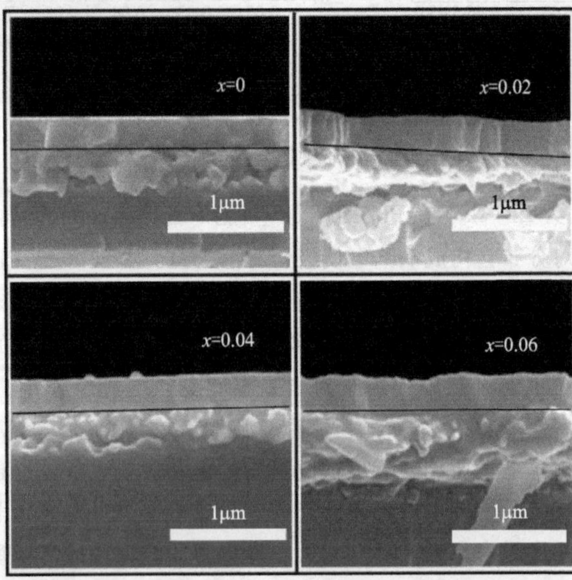

图 2-24　$P_{1-x}(L_{0.5}L_{0.5})_xZO$ 薄膜的 SEM 断面扫描图像

图 2-25 给出了 $x=0$，$x=0.02$，$x=0.04$，$x=0.06$ $P_{1-x}(L_{0.5}L_{0.5})_xZO$ 薄膜的 AFM（原子力显微镜）表面扫描结果。薄膜表面平整、致密，表面粗糙度（RMS）分别为 2.8nm、4.6nm、3.6nm、3.1nm；球形晶粒平均直径分别为 186nm、209nm、93nm、146nm。

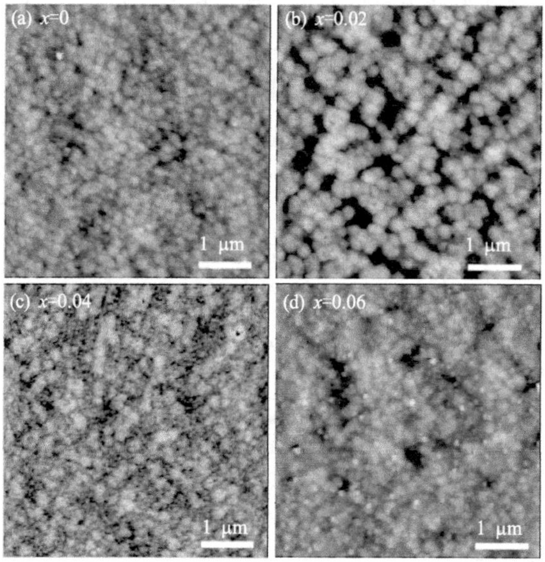

图 2-25　$P_{1-x}(L_{0.5}L_{0.5})_xZO$ 薄膜的 AFM 表面扫描图像

2.3.2　$Pb_{1-x}(Li_{0.5}La_{0.5})_xZrO_3$ 复合薄膜电学性能

关于应力对反铁电体极化行为的影响的相关报道很常见。但大多是对陶瓷块体材料施加外禀应力。文献报道，对 $Pb_{0.99}Nb_{0.02}[(Zr_{0.57}Sn_{0.43})_{0.94}Ti_{0.06}]_{0.98}O_3$（PLZST）陶瓷施加电场时，自发极化将由［110］转向［111］，二者间夹角为 35°，伴随着晶格体积膨胀。一旦沿着电场方向施加单轴压应力时，将迫使［110］方向的自发极化被限制在面内，垂直于应力加载方向。压应力将阻碍极化转动，在一定程度上抑制了场致相变的发生，提高了场致相变发生的临界电场[124]。尽管施加外禀应力对反铁电体储能密度的提高有利，但考虑到外禀应力带来结构的复杂性，理想的方式是引入内禀应力。

在PZO中掺杂Li^+-La^{3+}后，Li^+、La^{3+}倾向于在同一单胞中形成Li^+-La^{3+}离子对。由于Li^+-La^{3+}离子半径较Pb^{2+}要小，便在单胞中引入内禀单轴压应力。而且随着掺杂含量的增加，应力也会逐渐变大。图2-26给出了不同Li^+-La^{3+}离子对掺杂含量$P_{1-x}(L_{0.5}L_{0.5})_xZO$薄膜的电滞回线。从极化曲线形状上可以看出，掺杂后$P_{1-x}(L_{0.5}L_{0.5})_xZO$薄膜场致相变临界电场均向高电场方向移动，有利于储能密度的提高，且电滞回线变得纤细，能量损耗小，有利于储能效率的提高；另外，饱和极化强度P_m和剩余极化强度P_r值均有所降低。当$x=0$、$x=0.02$、$x=0.03$、$x=0.04$、$x=0.05$、$x=0.06$时，$P_{1-x}(L_{0.5}L_{0.5})_xZO$薄膜的$P_m$值分别为66.4μC/cm²、59.5μC/cm²、54.4μC/cm²、61.7μC/cm²、54.2μC/cm²、34.7μC/cm²，剩余极化强度P_r值分别为10.3μC/cm²、7.7μC/cm²、4.2μC/cm²、3.3μC/cm²、5.5μC/cm²、2.7μC/cm²；P_m-P_r值分别为56.1μC/cm²、51.8μC/cm²、50.2μC/cm²、58.4μC/cm²、48.7μC/cm²、32μC/cm²。可见，随

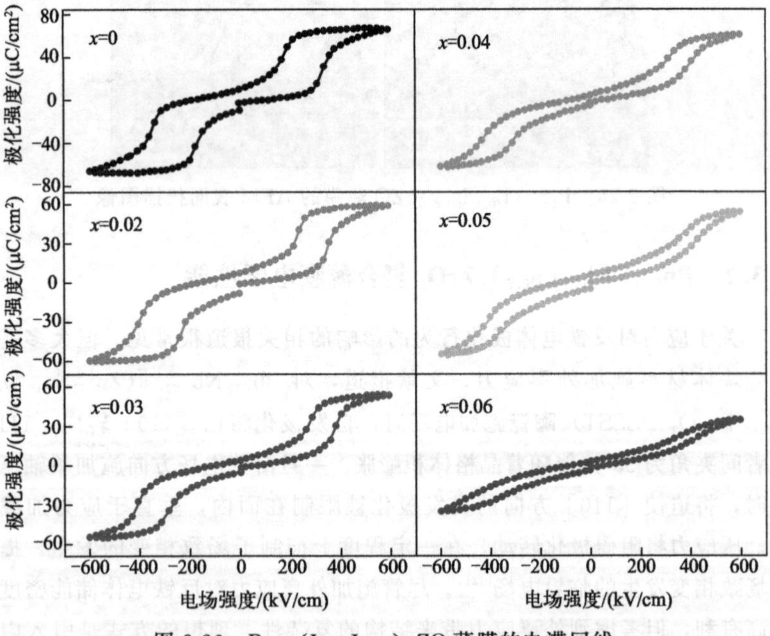

图2-26 $P_{1-x}(L_{0.5}L_{0.5})_xZO$薄膜的电滞回线

着 Li^{+}-La^{3+} 离子对掺杂含量的增加，即压应力逐渐提高的条件下，$P_{1-x}(L_{0.5}L_{0.5})_xZO$ 薄膜极化强度值基本呈现逐渐降低的趋势，其原因是压应力增加了场致相变极化转动的势垒高度，将电偶极子限制在面内方向，只有大部分或者部分对电场极化有贡献。

根据结果可知，压应力作用下，E_{c1} 及 E_{c2} 值将增加，且应力在一定范围内，二者之差 ΔE 值将会变小。图 2-27 为不同 Li^{+}-La^{3+} 离子对掺杂含量下，$P_{1-x}(L_{0.5}L_{0.5})_xZO$ 薄膜的场致相变临界电场 E_{c1}、E_{c2} 及 ΔE 值。场致相变发生时伴随着极化强度、电容、相对介电常数等突变，这些物理参量突变时所对应的电场强度为临界电场。通过在电滞回线中极化强度对电场强度求偏微分，得到了 $\partial P/\partial E \sim E$ 曲线，曲线中极大值点所对应的电场强度即为临界电场强度。当 $x=0$、$x=0.02$、$x=0.03$、$x=0.04$、$x=0.05$、$x=0.06$ 时，$P_{1-x}(L_{0.5}L_{0.5})_xZO$ 薄膜的 E_{c1} 值分别为 334.2kV/cm、356.1kV/cm、379.1kV/cm、379.8kV/cm、428kV/cm、428.6kV/cm，E_{c2} 值分别为 169.3kV/cm、237.2kV/cm、285.6kV/cm、308.8kV/cm、380.4kV/cm、381.6kV/cm。掺杂 Li^{+}-La^{3+} 离子对引入了单轴压应力，稳定了 AFE 相，使得 AFE 相到 FE 相的相变势垒增加，提高了激发场致相变

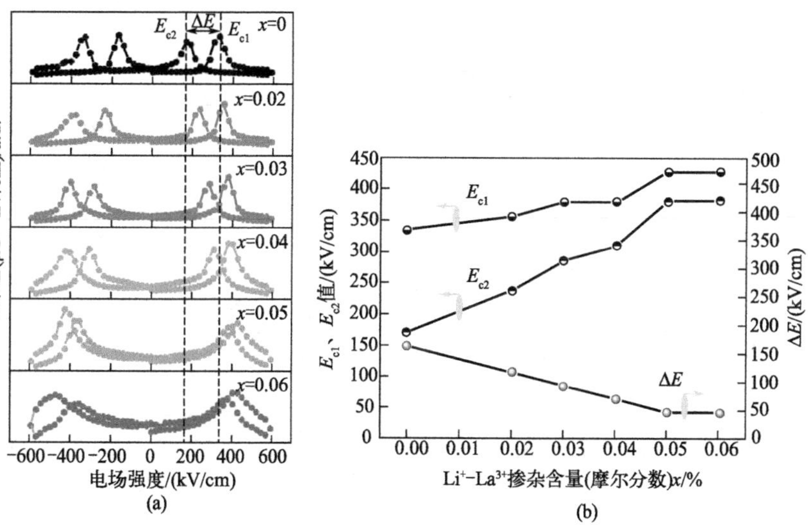

图 2-27　$P_{1-x}(L_{0.5}L_{0.5})_xZO$ 薄膜的临界电场 E_{c1}、E_{c2} 及 ΔE 值

的临界电场强度 E_{c1} 及 E_{c2}，与之前分析结果一致。同时，随着掺杂含量的增加，E_{c2} 增加的速度较 E_{c1} 快，ΔE 值逐渐降低，ΔE 值分别为 164.9kV/cm、118.9kV/cm、93.5kV/cm、71kV/cm、47.6kV/cm、47kV/cm。

图 2-28 给出了 $P_{1-x}(L_{0.5}L_{0.5})_xZO$ 薄膜的介电性能与温度的关系。未掺杂时，随着温度的升高，$PbZrO_3$ 薄膜的相对介电常数值逐渐增加，当温度达到 235℃附近时，出现介电常数极大值。根据 PZT 相图可知[89]，此介电异常峰对应于 $PbZrO_3$ 反铁电-顺电相转变温度 $T_m=235℃$。随着温度的继续升高，介电常数开始降低；当掺杂 Li^+-La^{3+} 离子对含量为 2%(摩尔分数）时，T_m 值降为 224℃，且温度高于 T_m 以后，介电常数下降的趋势要比纯 $PbZrO_3$ 薄膜慢；当掺杂量达到 4%(摩尔分数）时，随着温度升高介电常数缓慢增加，过了 T_m 后又缓慢降低，T_m 值降至 213℃；当掺杂量达到 6%(摩尔分数）时，相变变得更加弥散，T_m 值降至 180℃。掺杂之后，温度高于 T_m 以后，介电常数降低较为缓慢，主要是因为掺杂引入 Li^+-La^{3+} 离子对产生的电偶极矩 P_D 在温度高于 T_m 仍然存在，对极化仍有贡献。

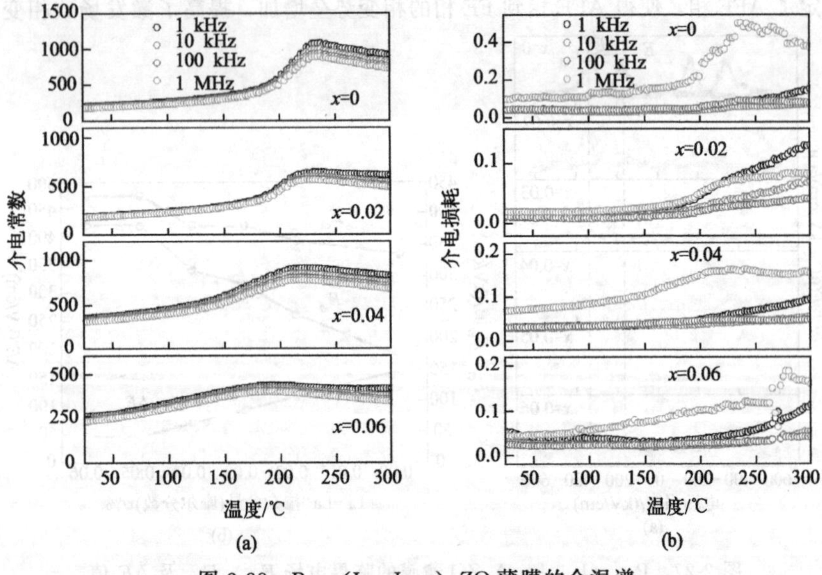

图 2-28　$P_{1-x}(L_{0.5}L_{0.5})_xZO$ 薄膜的介温谱

$P_{1-x}(L_{0.5}L_{0.5})_xZO$ 薄膜的反铁电-顺电相变因掺杂而变得更加弥散，这主要是因为少量掺杂 Li^+-La^{3+} 离子对使得微区存在应力不均及成分涨落。

图 2-29 为 ln $(1/\varepsilon-1/\varepsilon_m)$-ln $(T-T_m)$ 曲线关系及弥散度 γ 值。未掺杂时，γ 值约为 1，代表此时相变具有一级相变特征，相变不弥散；随着 Li^+-La^{3+} 离子对掺杂含量的增加，γ 值明显增加，说明相变变得越来越弥散，这是掺杂 Li^+-La^{3+} 离子对引入缺陷偶极矩及应力分布不均造成的。

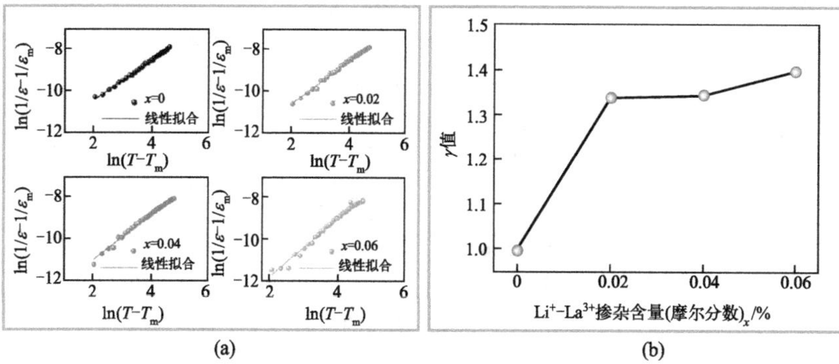

图 2-29　$P_{1-x}(L_{0.5}L_{0.5})_xZO$ 薄膜 ln $(1/\varepsilon-1/\varepsilon_m)$-ln $(T-T_m)$ 曲线关系与 γ 值

2.3.3　$Pb_{1-x}(Li_{0.5}La_{0.5})_xZrO_3$ 复合薄膜储能性能

反铁电 PZO 因其具有场致相变行为而被公认为是极其重要的储能电介质材料。通过上面的分析可知，掺杂 Li^+-La^{3+} 离子对对 PZO 的极化行为产生了极大影响。图 2-30 给出了 $P_{1-x}(L_{0.5}L_{0.5})_xZO$ 薄膜的电滞回线及储能性能。由图 2-30(c) 可知，当电场强度 $E=600$kV/cm，$x=0$、$x=0.02$、$x=0.03$、$x=0.04$、$x=0.05$、$x=0.06$ 时，$P_{1-x}(L_{0.5}L_{0.5})_xZO$ 薄膜的储能密度 W_{rev} 值分别为 9J/cm³、11J/cm³、12.5J/cm³、16.2J/cm³、14.8J/cm³、9.3J/cm³；储能效率 η 值分别为 38.6%、52%、63.8%、70.1%、74%、73.4%。

在掺杂含量为 4%(摩尔分数) 时，W_{rev} 取得极大值，是未掺杂 PZO 的 1.8 倍；在 $x<0.05$ 时，储能密度的提高主要是因为场致相变的临界电场强度的增加；当 $x=0.06$ 时，储能密度急剧下降，是因为极化强度 P_m

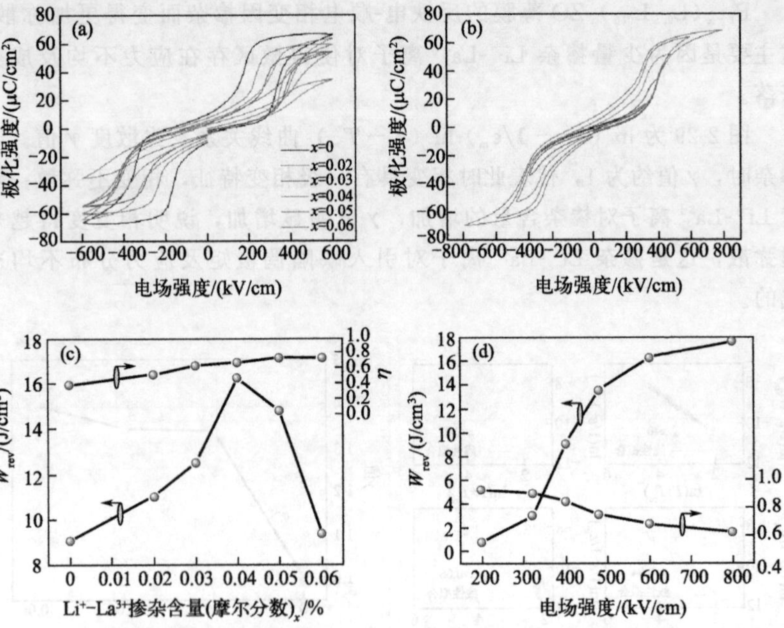

图 2-30　$P_{1-x}(L_{0.5}L_{0.5})_xZO$ 薄膜的电滞回线及储能性能

值的大幅下降。储能效率随着掺杂含量的增加，逐渐增加，是因为场致相变电场增加的同时，ΔE 值越来越小，电滞回线变得越来越“纤细”，能量损耗越小，储能效率增加。图 2-30（d）给出了不同电场下 $P_{0.96}(L_{0.5}L_{0.5})_{0.04}ZO$ 薄膜的储能性能，随着施加电场强度的增加，储能密度也逐渐增加，在电场强度 $E=800\text{kV/cm}$ 时，$W_{rev}=17.6\text{J/cm}^3$。这里需要指出的是在掺杂 Li^+-La^{3+} 离子对引入压应力的情况下，尽管 $P_{1-x}(L_{0.5}L_{0.5})_xZO$ 薄膜的极化强度值会降低，对提高储能密度是不利的，但是，场致相变临界电场 E_{c1}、E_{c2} 的增加对 PZO 储能性能的优化起主要作用，尤其是 ΔE 值的降低，提高了 PZO 薄膜的储能效率。

除了储能密度、储能效率之外，温度稳定性也是影响电容器的使役性能的关键因素。尤其是在一些特殊环境中使用的电容器，要求其具有高的温度稳定性。比如，在严寒地带，温度较低时，锂电池中的电解液工作的稳定性极差，而电介质电容器是固态能量存储，结构本身受温度影响不大，其在固定施加电场强度时极化强度随温度变化是影响材料储能性能温度稳定性的关键因素。图 2-31 给出了电场强度为 600kV/cm 时，$P_{1-x}(L_{0.5}L_{0.5})_x$ZO 薄膜极化强度与温度的关系。对于不同 Li^{+}-La^{3+} 掺杂含量的 PZO 反铁电薄膜，其饱和极化强度 P_m 随温度升高逐渐降低，而且下降的速率较快。这种现象主要是因为温度升高后，晶体对称性逐渐提高，因离子位移产生的电偶极矩间距减小，对极化的总贡献逐渐降低，施加电场时，饱和极化强度 P_m 降低。同时发现，$P_{1-x}(L_{0.5}L_{0.5})_x$ZO 反铁电薄膜的剩余极化强度 P_r 随温度升高逐渐升高。这可能是因为室温时，反铁电相作为稳定相，剩余极化强度直接近于零；一旦施加电场，场致相变产生的铁电相为亚稳相，在室温时，亚稳的铁电相在移去电场时，很容易退极化成反铁电相；而随着温度的升高，场致相变诱发的铁电相稳定性提高，移去电场至零时，存在铁电相未完全退极化至反铁电相，导致剩余极化强度 P_r 升高。同时，二者之差 P_m-P_r 值随着温度升高逐渐降低。在测试温度区间

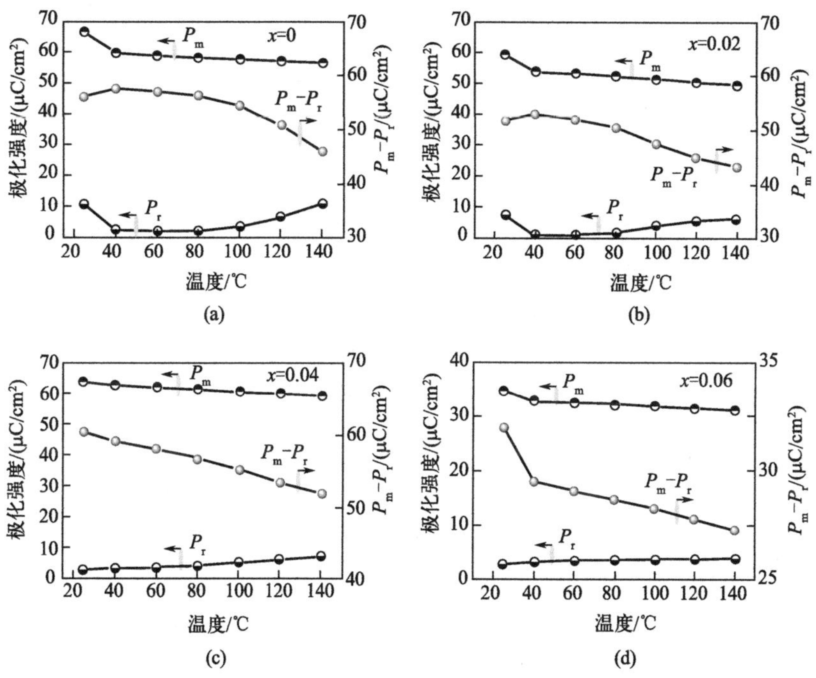

图 2-31 $P_{1-x}(L_{0.5}L_{0.5})_x$ZO 薄膜的极化强度与温度的关系

为 25～140℃，随着温度的升高有：当 $x=0$ 时，P_m-P_r 值由 45μC/cm² 降为 27μC/cm²；当 $x=0.02$ 时，P_m-P_r 值由 38μC/cm² 降为 24μC/cm²；当 $x=0.04$ 时，P_m-P_r 值由 48μC/cm² 降为 27μC/cm²；当 $x=0.04$ 时，P_m-P_r 值由 49μC/cm² 降为 29μC/cm²；当 $x=0.06$ 时，P_m-P_r 值由 28μC/cm² 降为 10μC/cm²。

图 2-32 给出了电场强度为 600kV/cm 时，$P_{1-x}(L_{0.5}L_{0.5})_xZO$ 薄膜储能密度及储能效率的温度稳定性，测试温度范围为 25～140℃。根据式 (1-3) 及式 (1-4)，在固定电场强度时，储能性能与 P_m-P_r 值密切相关。P_m-P_r 值随着温度升高逐渐降低，导致储能密度值也随温度升高逐渐降低。当 $x=0$ 时，W_{rev} 从 9J/cm³ 降至 6.6J/cm³，降幅为 26.6%；当 $x=0.02$ 时，W_{rev} 从 11J/cm³ 降至 9J/cm³，降幅为 18.2%；当 $x=0.04$ 时，W_{rev} 从 16.2J/cm³ 降至 12.1J/cm³，降幅为 25.3%；当 $x=0.06$ 时，W_{rev}

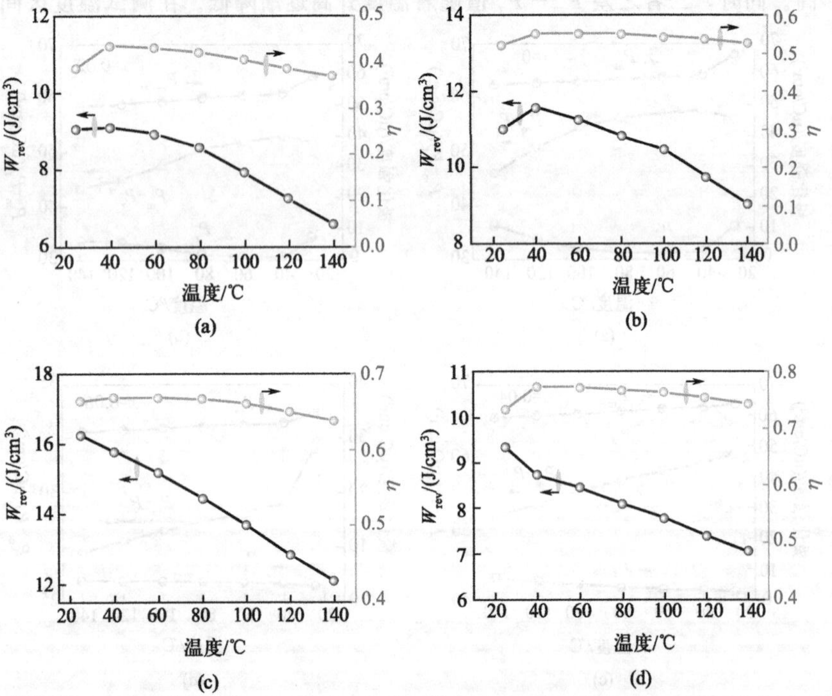

图 2-32 $P_{1-x}(L_{0.5}L_{0.5})_xZO$ 薄膜储能性能的温度稳定性

从 9.3J/cm^3 降至 7J/cm^3，降幅为 24.7%。$P_{1-x}(L_{0.5}L_{0.5})_xZO$ 薄膜储能密度的温度稳定性不是很好，因为随着温度升高，场致相变诱发的铁电相与反铁电相之间的势垒高度降低，铁电相在移去电场后，可作为亚稳相存在。同时，$P_{1-x}(L_{0.5}L_{0.5})_xZO$ 薄膜储能效率 η 值随着温度升高略有降低，但降低幅度很小。总之，对于反铁电 PZO 薄膜而言，其温度稳定性较差的主要原因有：①居里温度相对较低（$T_c=235℃$）[89]，饱和极化强度 P_m 值随温度升高迅速降低；②铁电相的稳定性随温度升高而增强，剩余极化强度 P_r 值增加。两个因素共同作用，导致 P_m-P_r 值降低，这是反铁电 PZO 薄膜材料储能密度温度稳定性差的根源。

第 3 章

氧化铝介电绝缘层改性锆酸铅反铁电薄膜储能性能

3.1 锆酸铅/氧化铝复合薄膜的自极化行为

通过在 PZO 薄膜中引入 AO 膜层，构建 PZO/AO 复合薄膜，分析了 PZO 与 AO 膜层的厚度对 PZO 极化行为的影响，探讨了异质结复合薄膜界面处自建电场的形成机制。

3.1.1 锆酸铅/氧化铝复合薄膜的微观结构

图 3-1 为 PZO/AO 复合薄膜的 XRD 图谱。其中，AO 膜层厚度固定为 40nm，PZO 膜层厚度分别为 220nm、265nm、360nm，记为 PZO_{220}/AO_{40}、PZO_{265}/AO_{40}、PZO_{360}/AO_{40}，PZO 与 AO 膜层共同晶化处理，晶化热处理工艺为 RTA（快速热退火）700℃晶化 5min。纯 PZO 薄膜为（111）取向，而引入了 AO 膜层后，随着 AO 膜层厚度的增加，PZO 薄膜的（111）衍射峰强度逐渐降低，（110）衍射峰强度逐渐增强，其他衍射晶面衍射峰也逐渐显现，这是因为在 PZO 膜层与 $Pt/SiO_2/Si$ 衬底间插入 AO 膜层后，PZO 膜层失去与 Pt 衬底的晶格错配，（111）取向生长消失。还需要指出的是，未发现 AO 膜层的衍射峰，表明 700℃晶化处理 AO 膜层仍为非晶态。

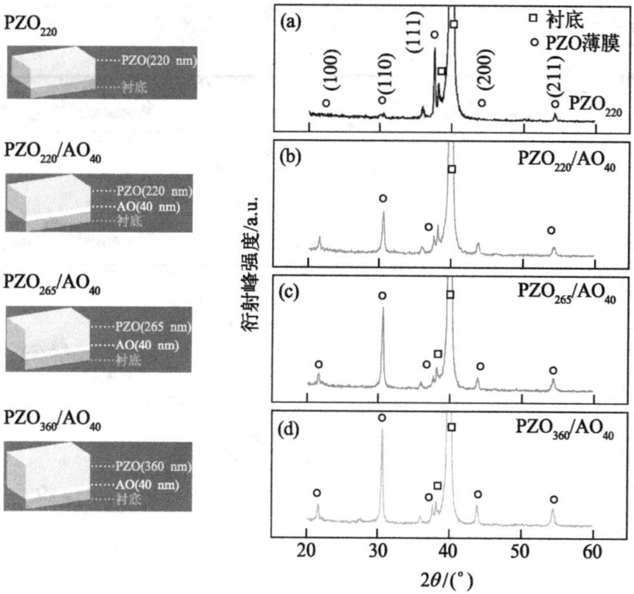

图 3-1　PZO 和 PZO_x/AO_{40} 薄膜的 XRD 图谱

图 3-2 给出了 PZO/AO 复合薄膜的拉曼光谱，测试频率范围为 $100cm^{-1}$ 至 $800cm^{-1}$。纯 PZO_{220} 反铁电薄膜出现了几个明显的拉曼峰，文献显示[111]，其中低于 $150cm^{-1}$ 的拉曼峰信息源于 Pb-ZrO_3，$204cm^{-1}$ 和 $226cm^{-1}$ 源于 Zr—O 键，$274cm^{-1}$ 和 $338cm^{-1}$ 源于 ZrO_3 八面体倾斜。引入 AO 膜层后，代表 ZrO_3 八面体倾斜的 $338cm^{-1}$ 特征峰在 PZO_{220}/AO_{40}、PZO_{265}/AO_{40} 复合薄膜中消失，而在 PZO_{360}/AO_{40} 复合薄膜中又略有复现，意味着 ZrO_3 八面体倾斜状态发生了改变，同时，$226cm^{-1}$ 特征峰引入 AO 膜层后变强，根据图 3-2(b) 可知，铁电相 $PZ_{0.8}T_{0.2}$、$PZ_{0.7}T_{0.3}$、$PZ_{0.52}T_{0.48}$ 薄膜的拉曼光谱中，$226cm^{-1}$ 特征峰峰强度较强，该特征峰证明存在铁电相结构。对比 PZO 反铁电薄膜的拉曼光谱可以发现，$338cm^{-1}$ 特征峰应该为反铁电相的特征峰。引入 AO 膜层后，PZO 反铁电膜层发生了由反铁电相到铁电相的结构转变。如果结构上发生了变化，那么极化行为也会发生影响。图 3-2 中该特征峰变强暗示着 PZO 薄膜逐渐转变为铁电相。

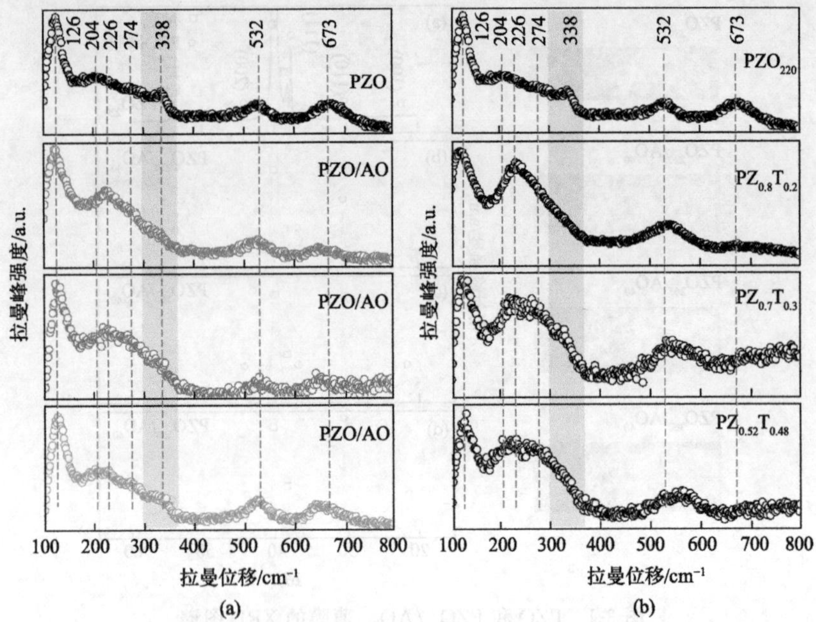

图 3-2　PZO_x/AO_{40} 和铁电 PZT 薄膜的拉曼光谱

图 3-3 为 PZO/AO 复合薄膜的 SEM 断面扫描图。尽管从复合薄膜断面结构不能分辨出 PZO 与 AO 膜层间的界面，但根据薄膜厚度间的关系，可以计算出 AO 膜层厚度为 40nm，PZO 膜层厚度分别为 220nm、265nm、360nm。

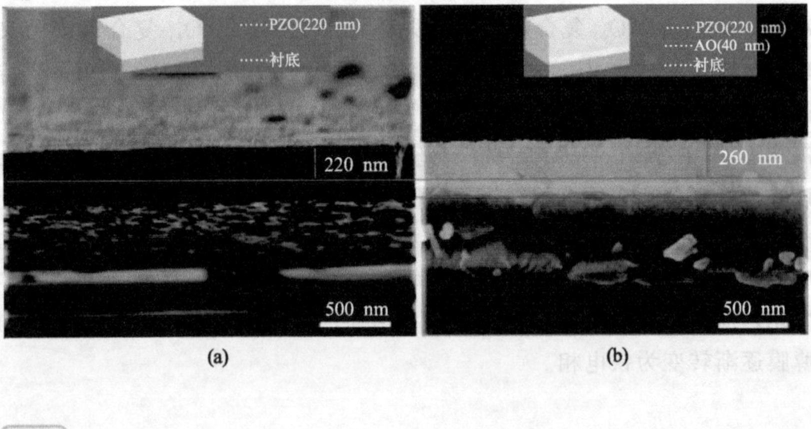

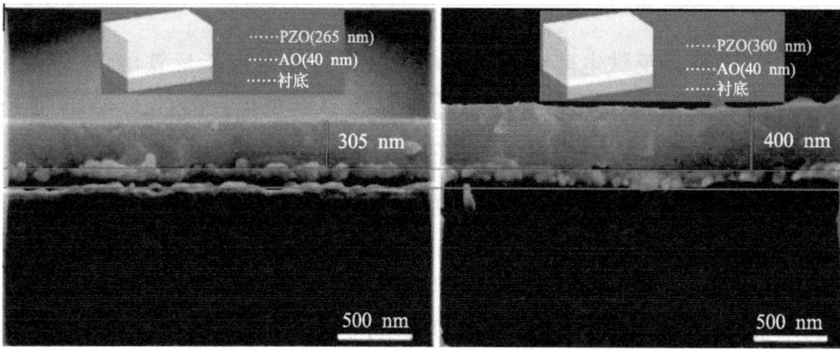

图 3-3　PZO 和 PZO_x/AO_{40} 薄膜的 SEM 断面扫描图

3.1.2　锆酸铅/氧化铝复合薄膜的电学性能

在 PZO 薄膜中引入 AO 膜层后，PZO 的相结构发生了变化，为了更好地分析 AO 对 PZO 极化行为的影响，图 3-4 给出了 PZO/AO 复合薄膜

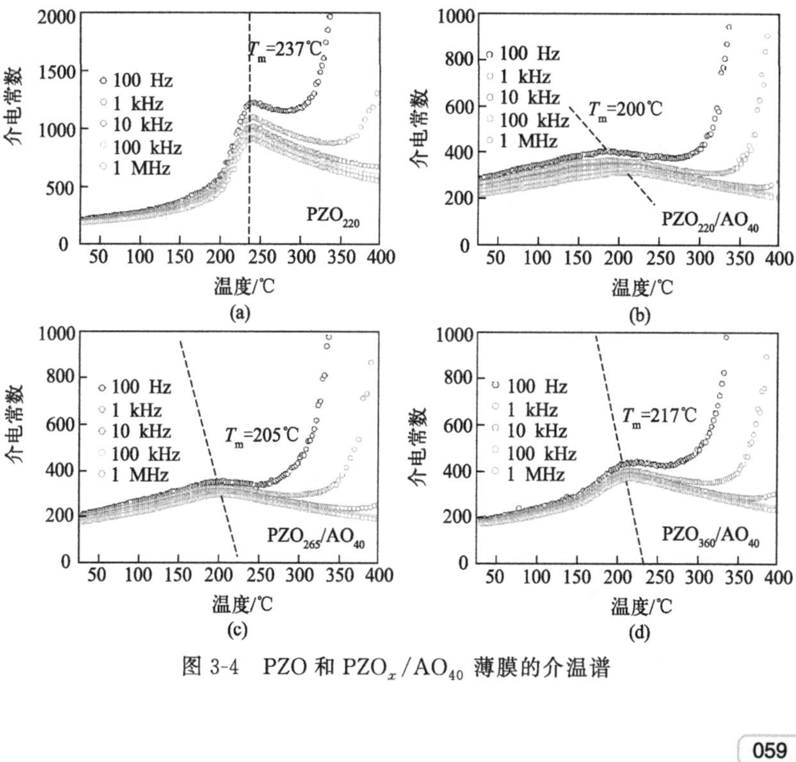

图 3-4　PZO 和 PZO_x/AO_{40} 薄膜的介温谱

的介温谱。

单纯 PZO_{220} 反铁电薄膜，其介电常数异常峰对应于反铁电-顺电相变温度，$T_m=237℃$，且 T_m 基本不随测试频率而变化；PZO_{220}/AO_{40} 复合薄膜、PZO_{265}/AO_{40} 复合薄膜、PZO_{360}/AO_{40} 复合薄膜的 T_m 分别为200℃、205℃、217℃。在引入 AO 膜层后，PZO_{220}/AO_{40} 复合薄膜的 T_m 值迅速降低，T_m 值下降是由反铁电-顺电相变的势垒高度降低造成的。有文献显示，PZO 在施加偏压时所测得的 T_m 值会下降，偏压所形成的电场能够降低相变势垒。而随着 PZO 膜层厚度的增加，T_m 值又逐渐增加，可能是由于 PZO 厚度增加，导致电场作用被削弱，又逐渐恢复到纯 PZO 薄膜的相变特征。PZO/AO 复合薄膜的介温谱出现明显的弛豫性相变特征，T_m 所对应的介电异常峰随着频率升高而出现偏移；随着 PZO 厚度的增加，弛豫性特征又逐渐减弱。图 3-5 为 $\ln(1/\varepsilon-1/\varepsilon_m)$-$\ln(T-T_m)$ 曲线

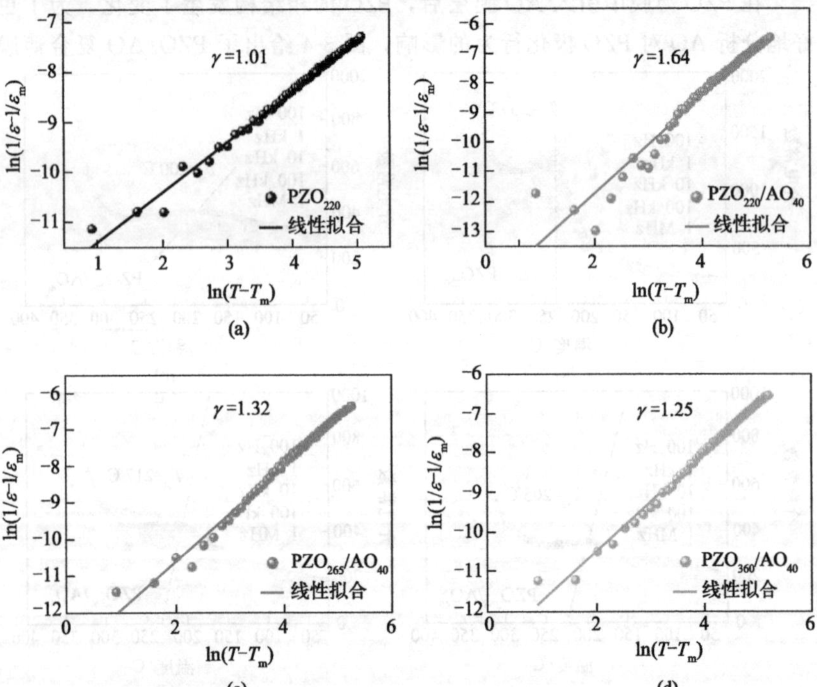

图 3-5 PZO 和 PZO_x/AO_{40} 复合薄膜的 $\ln(1/\varepsilon-1/\varepsilon_m)$-$\ln(T-T_m)$ 曲线关系

关系及弥散度 γ 值。纯 PZO 反铁电薄膜的 γ 值为 1.01，意味着其相变特征为一级相变，相变不弥散；PZO_{220}/AO_{40} 复合薄膜的 γ 值增加至 1.64，说明相变变得越来越弥散；随着 PZO 膜层厚度增加，γ 值又逐渐降低，说明弥散相变特征逐渐变弱。

电滞回线是表征铁电材料极化行为最常用的手段之一。图 3-6 为 PZO/AO 复合薄膜的室温电滞回线。纯 PZO_{220} 反铁电薄膜展现出反铁电相的极化行为，呈现双电滞回线极化特征；而 PZO_{220}/AO_{40} 复合薄膜、PZO_{265}/AO_{40} 复合薄膜、PZO_{360}/AO_{40} 复合薄膜的极化曲线展现出正常铁电性的极化特征，反铁电双电滞回线的极化特征完全消失。一般情况下，在足够大的电场作用下，PZO 反铁电相将转变为铁电相，但这种场致相变诱发的铁电相是亚稳态的，只要电场移去，就会蜕变回双电滞回线，除

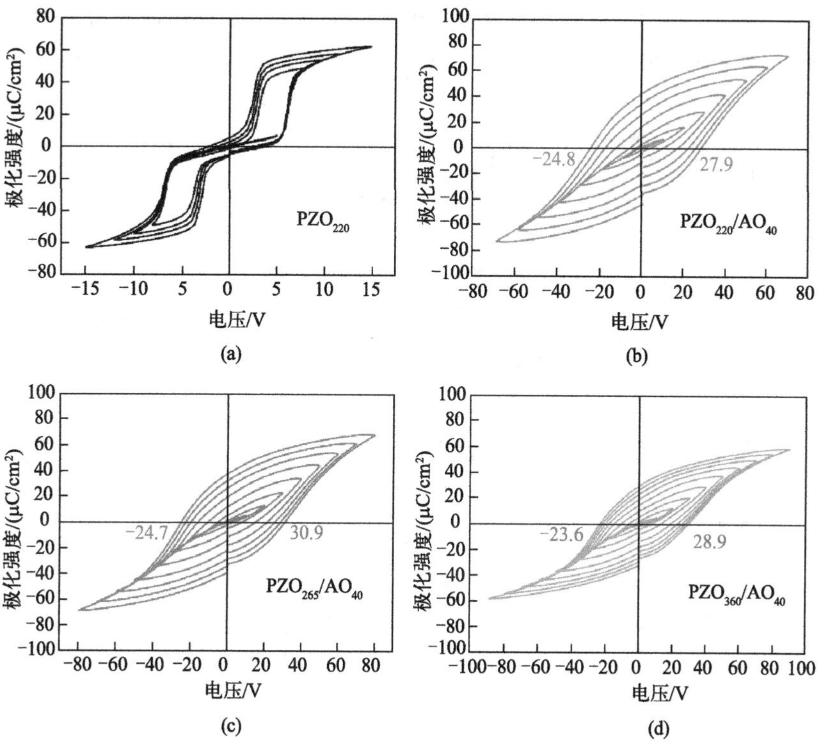

图 3-6　PZO 和 PZO_x/AO_{40} 薄膜的电滞回线

非电场一直施加着。而非晶 AO 膜层本身是不具备铁电性的，PZO/AO 复合薄膜所展现出的极化行为仍源于 PZO 膜层，但其铁电特征的极化行为意味着 PZO 膜层在施加电场极化之前，就已经由反铁电相转变为铁电相，导致电滞回线出现铁电相极化特征，拉曼光谱的结果也印证了这一点。同时，正、负矫顽场 E_c 不对称，预示着薄膜内部可能存在自建电场 E_{in}，且 $+E_c$ 值要大于 $-E_c$ 值，说明自建电场的方向应该是由 AO 膜层指向 PZO 膜层。自建电场 E_{in} 的形成机制将在 3.1.3 小节讨论。

电容-电压关系曲线也是表征材料极化行为的有效途径。图 3-7 为 PZO/AO 复合薄膜的室温电容-电压曲线。纯 PZO_{220} 展现出双蝴蝶曲线，为典型反铁电场致相变特征；PZO_{220}/AO_{40} 复合薄膜、PZO_{265}/AO_{40} 复合薄膜、PZO_{360}/AO_{40} 复合薄膜的电容-电压曲线双蝴蝶曲线极化特征消失，为铁电相电容-电压曲线极化特征，但正常情况下，铁电的电容-电压曲线的电容峰值应出现在电压＝0 两侧，峰位置对应于矫顽场。而 $PZO_{220}/$

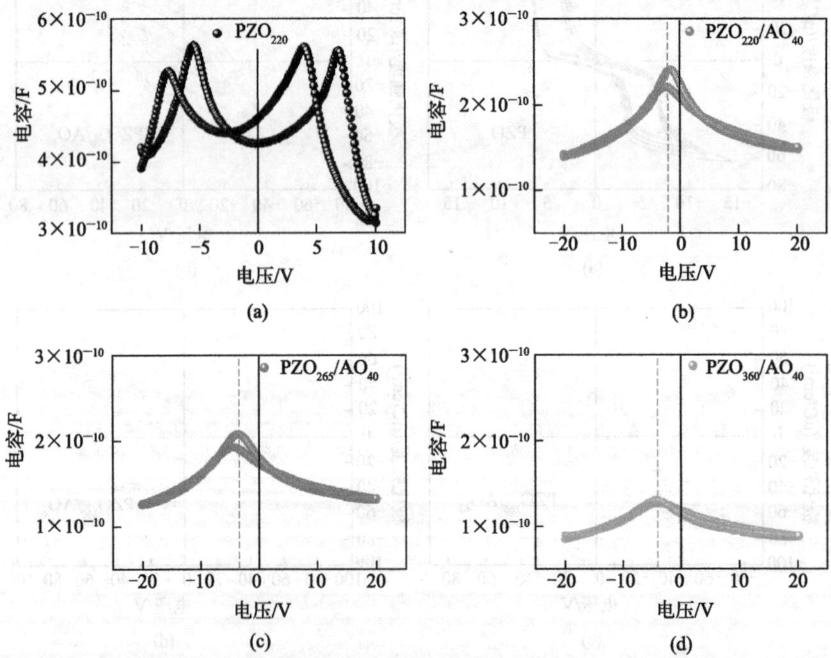

图 3-7　PZO 和 PZO_x/AO_{40} 薄膜的电容-电压关系曲线

AO_{40} 复合薄膜、PZO_{265}/AO_{40} 复合薄膜、PZO_{360}/AO_{40} 复合薄膜电容-电压曲线电容峰值均位于电压<0 一侧。同时，我们发现，纯 PZO_{220} 薄膜出现 4 个明显漏电流峰值，峰值位置对应于场致相变临界电压。而图 3-8 PZO/AO 复合薄膜的室温漏电流密度-电压曲线场致相变诱导的漏电流峰值消失，且漏电流密度-电压曲线出现明显不对称现象，即具有整流特性。正偏压方向的漏电流密度明显低于负偏压方向的漏电流密度。如果 AO 膜层仅起到电阻作用，那么漏电流密度-电压曲线应该是对称的，同时 PZO 薄膜仍应为反铁电相，漏电流特征应与纯 PZO 类似。根据前面分析结果可知，PZO/AO 复合薄膜中 PZO 膜层已变成铁电相，如此，漏电流密度-电压曲线 4 处漏电流峰值消失便可以理解，而漏电流密度-电压曲线的不对称特征应该是自建电场导致的，且该自建电场方向应与所施加的正向偏压方向相反，即自建电场 E_{in} 的方向由 AO 膜层指向 PZO 膜层方向。

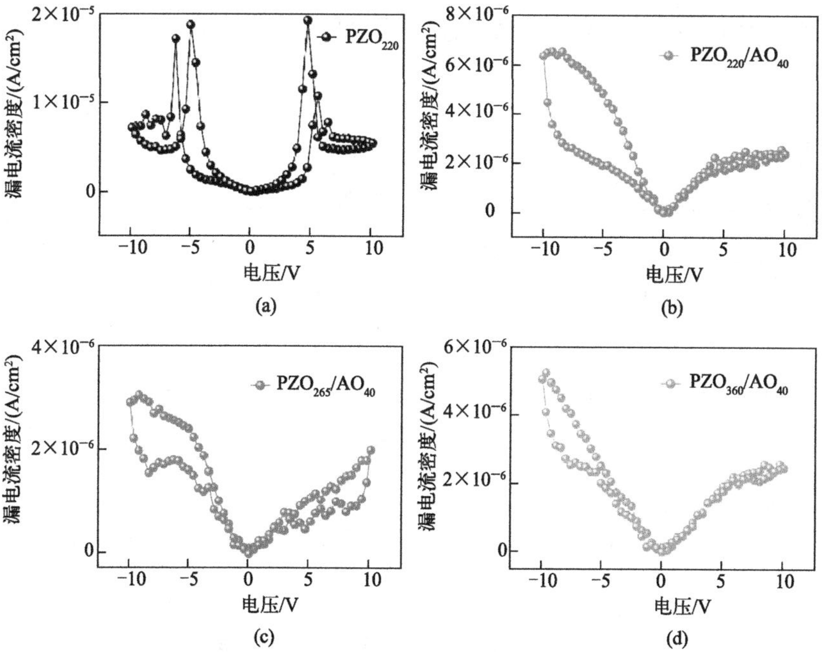

图 3-8　PZO 和 PZO_x/AO_{40} 薄膜的漏电流密度与电压关系

上述结果表明，40nmAO_{40} 膜层足以使得 PZO_{220} 膜层的反铁电相变为铁电相，而 AO 厚度 y 值对 PZO_{230}/AO_y 异质结界面处耗尽层宽度会有一定程度的影响。图 3-9 为不同 AO 膜层厚度的 PZO_{230}/AO_y 复合薄膜的室温电滞回线。当 AO 厚度为 20nm 时，PZO_{230}/AO_{20} 复合薄膜的电滞回线仍展现出反铁电极化特征，但是反铁电特征已被削弱；当 AO 膜层厚度为 30nm 时，PZO_{230}/AO_{30} 复合薄膜的电滞回线完全呈现铁电相的极化特征；当 AO 膜层厚度超过 30nm，PZO/AO 复合薄膜的电滞回线均呈现铁电相极化行为。当 AO 厚度低于 30nm 时，230nmPZO 膜层未被完全转变为铁电相，仍存在反铁电相；30nmAO 膜层恰好使得 230nmPZO 膜层完全转变为铁电相。AO 膜层厚度对 PZO 膜层极化行为的影响机制将在 3.1.3 小节给出。

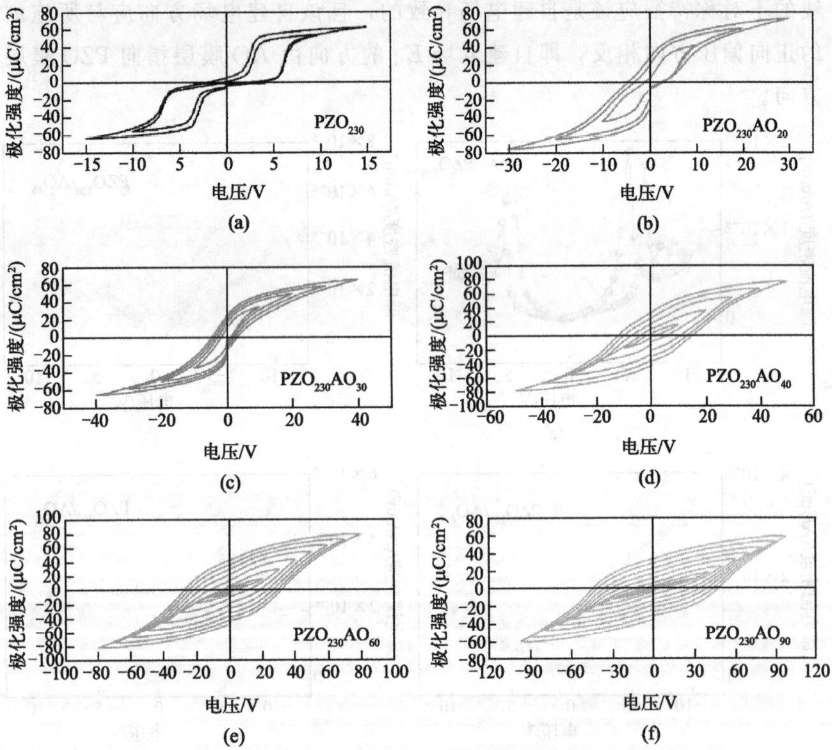

图 3-9　PZO_{230}/AO_y 薄膜的电滞回线

电容-电压曲线的测试结果进一步印证了 *PE* 曲线的实验结果。图 3-10 为 PZO_{230}/AO_y 薄膜的电容-电压关系曲线，在 AO 厚度小于 30nm 时，PZO/AO 复合薄膜的电容-电压关系仍呈现反铁电特征的双蝴蝶曲线；当 AO 厚度恰好为 30nm 时，PZO_{230}/AO_{30} 复合薄膜电容-电压曲线的反铁电特征消失，转变为铁电相特征；一旦 AO 膜层厚度高于临界厚度 30nm 后，电容-电压曲线出现明显不对称分布，电容峰值均处在负偏压所对应区域。若按照电容器串联模型，串联后的电容值应小于 AO 膜层和 PZO 膜层的电容。通过比较电压＝0 处电容值可知，PZO_{230}/AO_{30} 复合薄膜的电容值具有极大值，要比纯 PZO_{230} 薄膜的电容值高，这是由于 PZO_{230}/AO_{30} 复合薄膜中 PZO_{230} 膜层在 AO_{30} 作用下，转变为铁电相。而随着 AO 厚度的继续增加，相当于 AO 与铁电相 PZO_{230} 膜层串联，根据电容器串联公式，串联后的电容值会降低。

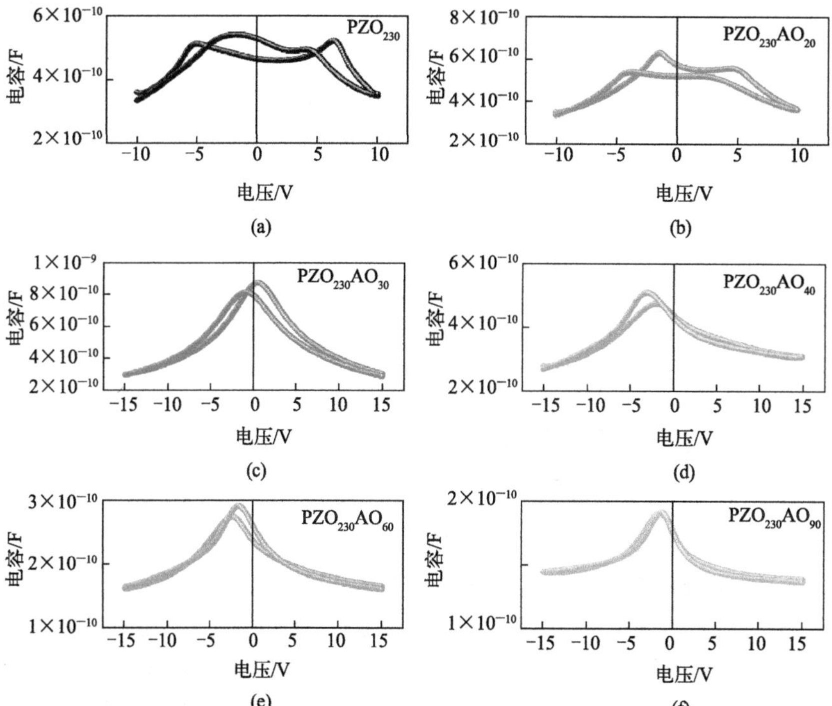

图 3-10　PZO_{230}/AO_y 薄膜的电容-电压关系曲线

图 3-11 为 PZO_{230}/AO_y 薄膜的漏电流与电压关系图，当 AO 膜层厚度为 20nm 时，PZO_{230}/AO_{20} 复合薄膜的漏电流密度-电压曲线仍呈现四峰值，但四峰值特征较纯 PZO_{230} 反铁电薄膜变弱；当 AO 厚度达到 30nm 后，漏电流密度-电压曲线致相变诱导的漏电流四峰值消失，且漏电流密度-电压曲线出现明显不对称现象。正偏压方向的漏电流密度明显低于负偏压方向的漏电流密度。漏电流密度-电压曲线的不对称特征应该是自建电场导致的，且该自建电场方向应与所施加的正向偏压方向相反，即 E_{in} 的方向由 AO 膜层指向 PZO 膜层方向。

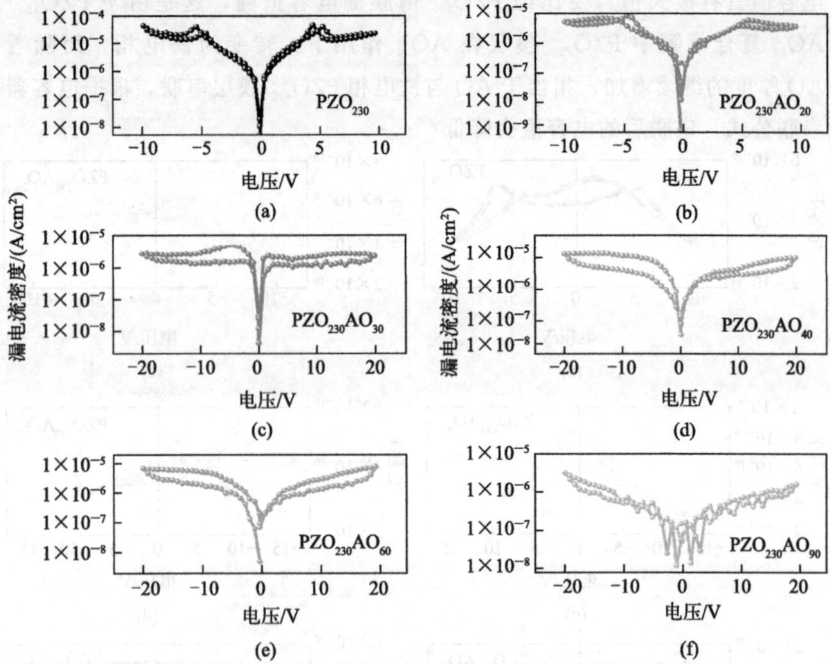

图 3-11　PZO_{230}/AO_y 薄膜的漏电流密度与电压关系

AO 膜层厚度对 PZO 膜层极化行为的影响很大，主要分为当 AO 膜层很薄（约 20nm）时，薄膜制备方法是溶胶-凝胶法，所使用的前驱体浓度仅为 0.02mol/L，旋涂一层后，AO 膜层连续性较差，导致其与 PZO 反铁电膜层间的界面效应很弱；另外，即便是 AO 膜层连续性很好，但是 AO 膜层很薄，其存在的载流子数量有限，导致其与 PZO 膜层界面处载流子扩散程度很低，很难形成强的自建电场。

3.1.3　锆酸铅/氧化铝复合薄膜自极化行为的形成机制

从 XRD 和 Raman 光谱的结果可以判断，PZO/AO 复合薄膜中反铁电相结构消失、铁电相结构出现。利用电滞回线、电容-电压关系曲线、漏电流特性等与极化行为密切相关的表征手段，进一步证实了 PZO/AO 复合薄膜铁电性的存在。为了获得铁电性存在的直接证据，对纯 PZO_{220} 薄膜、PZO_{220}/AO_{40} 复合薄膜进行了压电力测量，见图 3-12。薄膜法线指向膜外定义为高电位。极化强度的取向决定其在交变电场作用下的振动方向，在压电响应图像上表现为不同的衬度。纯 PZO_{220} 薄膜无明显的压电响应，这是由相互反平行的电偶极子成对存在造成的；PZO_{220}/AO_{40} 复合薄膜出现明显“亮区”，这些“亮区”代表存在着向上的极化，即存在着由 AO 膜层指向 PZO 膜层的极化矢量，同时，没有法线与之相反的“暗区”，说明几乎不存在由 PZO 膜层指向 AO 膜层的极化矢量。综上，在 PZO_{220}/AO_{40} 复合薄膜中存在着向上的自极化行为。自极化的形成自然是存在一个“外界”电场在起作用，那么，这个电场从何而来？弄清楚这个问题，就找到了 PZO_{220}/AO_{40} 复合薄膜中 PZO 反铁电膜层发生自极化的关键。

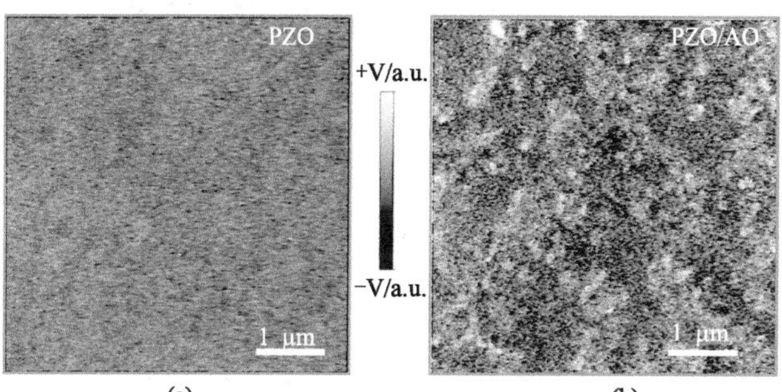

图 3-12　PZO_{220} 与 PZO_{220}/AO_{40} 薄膜的压电力扫描图

PZO_{220}/AO_{40} 复合薄膜的极化特点不但展现出铁电特征，而且存在着向上的自极化行为。向上自极化行为的诱因一定是存在由 AO 膜层指向 PZO 膜层的自建电场。下面将具体分析该电场是如何形成的。文献显示，AO 与 PZO 薄膜之间能带结构差异较大，非晶 AO 带隙宽度 $E_g=7eV$，

费米能级 $E_F=3.6eV$[125]，而 PZO 带隙宽度 $E_g=3.4eV$，费米能级 $E_F=2.3eV$[126]，如图 3-13(a) 所示。费米能级为电子的化学势，当具有费米能级差的异质结构相互接触时，在费米能级差的驱动下，电子载流子将由费米能级高的一端扩散至费米能级低的一端，即由高费米能级膜层的导带扩散至低费米能级膜层，如果高费米能级膜层的载流子数量足够多，达到平衡态时，二者的费米能级相等。此时，便在二者界面处形成自建电场 E_{in}，自建电场的形成阻碍了电子载流子的扩散运动，使得电子载流子扩散运动与载流子的漂移运动达到平衡。当 AO 膜层与 PZO 膜层接触时，AO 费米能级要高于 PZO 膜层费米能级，二者间费米能级差将驱动电子载流子由 AO 膜层向 PZO 膜层扩散，如图 3-13(a) 所示，导致 AO 与 PZO 界面处存在自建电场 E_{in}，自建电场方向由 AO 膜层指向 PZO 膜层，该 E_{in} 将会使得 PZO 膜层靠近 AO 膜层处的电偶极子 P 沿着 E_{in} 方向极化而定向排列；自极化的电偶极子 P 将产生退极化场 E_d，E_d 方向与 E_{in} 方向相反，将削弱 E_{in}，此时，AO 膜层中的电子载流子将继续扩散至 PZO

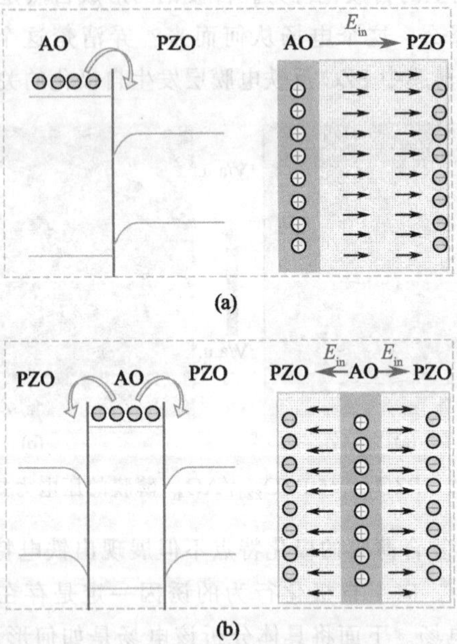

图 3-13　PZO/AO 与 PZO/AO/PZO 复合薄膜自极化行为的机制

膜层中，使得结区拓宽，拓宽的结区自建电场 E_{in} 将继续极化 PZO 膜层中的电偶极子，如此持续进行下去，最终导致 E_{in} 贯穿 PZO 膜层，如图 3-13(a) 右图所示，PZO 膜层全部实现自极化并且 AO 膜层载流子被大量耗尽。AO 膜层厚度较薄时（低于 30nm），有可能导致 AO 膜层本身不连续，或者 AO 膜层中载流子数量不足，导致在界面处不能形成 E_{in} 或者形成的 E_{in} 强度很小，不能够使得自建电场贯穿整个薄膜厚度区而仍然会呈现反铁电极化特征。

3.2 反向双异质结锆酸铅/氧化铝/锆酸铅复合薄膜的储能性能

由于在 PZO 薄膜中引入 AO 而构成的异质结中，存在自建电场将 PZO 反铁电膜层自极化，所以本节想利用该自建电场以及高绝缘强度的 AO 膜层构建反向双异质结构的复合薄膜，如图 3-13(b)，进一步提高复合薄膜的击穿场强。同时，考虑到 PZO 与 AO 膜层间的自建电场虽然会在很大程度上提高了薄膜的击穿强度，但是铁电化的 PZO 具有较大的剩余极化强度值，这对改善储能效率是不利的。本节试图通过改变薄膜的晶化温度来调控其晶化程度，以获得存在微区关联程度低的极化态，期望此极化态又不构成宏观高极化，可大幅降低剩余极化强度。同时通过构建 PZO/AO/PZO 三层复合薄膜结构，充分利用膜层界面处形成的自建电场，大幅度提高 PZO/AO/PZO 复合薄膜的击穿场强。

3.2.1 锆酸铅/氧化铝/锆酸铅复合薄膜的微观结构

为了表征 PZO/AO/PZO 复合薄膜的结晶程度与晶化处理温度间的关系，图 3-14 给出了不同晶化处理温度下 PZO/AO/PZO 复合薄膜的 XRD 图谱和 AFM 表面形貌扫描图。从图 3-14(a) 可以看出，450～650℃晶化的 PZO/AO/PZO 复合薄膜存在非晶 PZO 相，直至晶化温度为 700℃时，PZO 膜层才完全晶化，出现 $(110)_{pc}$、$(111)_{pc}$ 衍射峰。同时，对比纯 PZO 薄膜及 PZO/AO 复合薄膜的 XRD 图谱，在 PZO/AO/PZO 复合薄膜中，AO 作为中间膜层，也在一定程度上削弱了 PZO 薄膜的（111）取向。XRD 图谱结果说明，PZO 反铁电膜层的结晶程度对晶化温度的变化不敏感。晶化温度低于 650℃，几乎不结晶，晶化温度达到 700℃，呈结晶态。450℃晶化处理的薄膜，其表面形貌未见晶粒，存在一些不连续的微孔，这可能是在薄膜旋涂预烧过程中，有机溶剂挥发造成的；当晶化温度为 500℃和 550℃时，出现不连续分布的细小晶粒；继续提高晶化温度，表面细小晶粒数量急剧增加，而且表面晶粒呈连续分布。

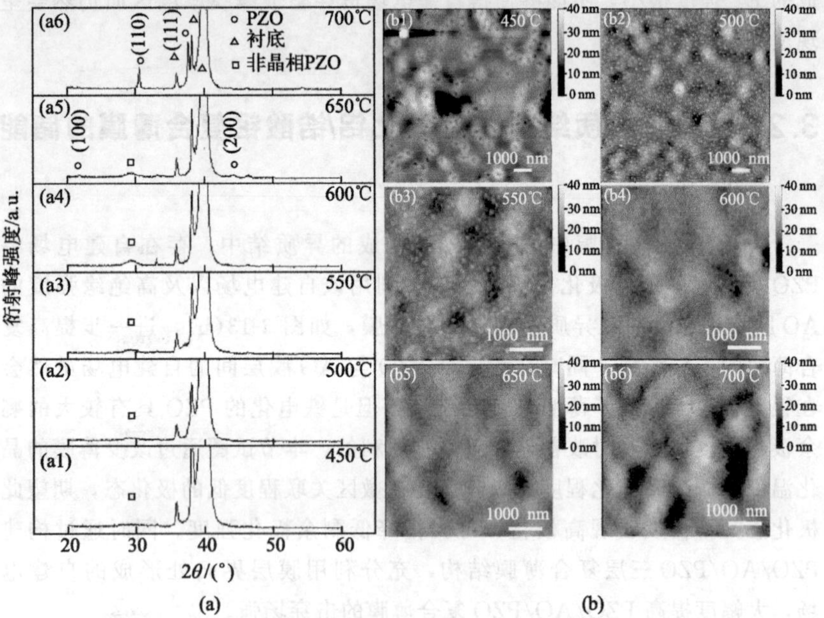

图 3-14 不同晶化温度下 PZO/AO/PZO 薄膜的 XRD 图谱（a）和 AFM 表面形貌图（b）

图 3-15(a) 为溶胶-凝胶旋涂两层 AO 薄膜的厚度，约为 60nm。PZO/AO/PZO 复合薄膜中，旋涂 1 层 AO 薄膜作为中间层，其厚度约为 30nm；图 3-15(b) 为旋涂 4 层 PZO 薄膜的断面扫描图，其厚度约为 230nm。所以，PZO/AO/PZO 复合薄膜总厚度约为 260nm，即 AO 膜层顶、底 PZO 厚度大约为 115nm，从二次电子像很难分辨出 PZO 与 AO 膜层的界面，但从背散射像可以清晰地观察到 PZO 与 AO 的界面。图 3-15(c) 和 3-15(d) 中的插图为 PZO/AO/PZO 复合薄膜在晶化温度分别为 450℃和 700℃的背散射像。可以清晰地看见在薄膜断面结构中，出现

一条“亮线”，即为 AO 膜层的背散射像，而且看不出 AO 膜层与 PZO 膜层之间存在明显的扩散现象。薄膜断面结构较为致密、无明显孔洞，薄膜质量较好。

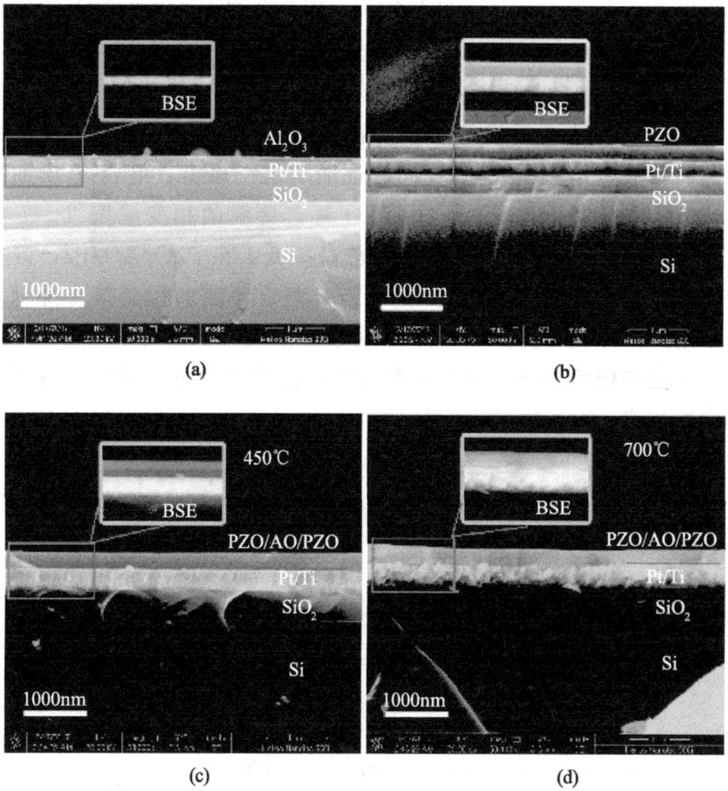

图 3-15 PZO/AO/PZO 复合薄膜的 SEM 断面扫描图

3.2.2 锆酸铅/氧化铝/锆酸铅复合薄膜的极化行为

图 3-16 给出了不同晶化处理温度下 PZO/AO/PZO 复合薄膜的介电性能。从图 3-16(a) 可以看出，在晶化温度低于 550℃时，薄膜的介电常数的频率稳定性极高，在单数值只有 25 左右，这是因为 PZO/AO/PZO 复合薄膜以非晶态为主，对介电有贡献的固有电矩还没有形成；当晶化温度提高到 600℃，介电常数增加至 80 左右；当晶化温度达到 650℃时，1kHz

下的介电常数迅速增加至 292，要比纯 PZO 反铁电薄膜的介电常数还要高，如果按照电容器串联模型分析，复合薄膜的介电常数应介于 PZO 反铁电薄膜与非晶 AO 薄膜二者介电常数之间，复合薄膜介电常数的增加应该是源于 PZO 膜层发生的自极化行为；当晶化温度为 700℃时，1kHz 下的介电常数迅速增加至 435。可见，被自建电场铁电化的 PZO 薄膜在一定条件下是明显增加的。根据 3.1.2 小节可知，在 PZO 薄膜中引入 AO_{40} 膜层后，PZO 反铁电膜层的极化特征呈现铁电相极化特征。PZO/AO/PZO 复合薄膜的电容-电压曲线同样证明了这一事实，电容-电压曲线沿电压＝0 对称分布，且 PZO/AO/PZO 复合薄膜的相变温度 T_m 下降至 185℃，相变温度的降低意味着相变势垒降低。在 PZO/AO/PZO 复合薄膜中存在自建电场，导致 PZO/AO/PZO 复合薄膜的相变势垒降低。同时，介电异常峰较为宽散，说明呈现弥散相变特征，而 T_m 值由于测试频率有一定的依赖关系，随着频率增加，向着高频方向偏移，说明相变为弛豫性相变。

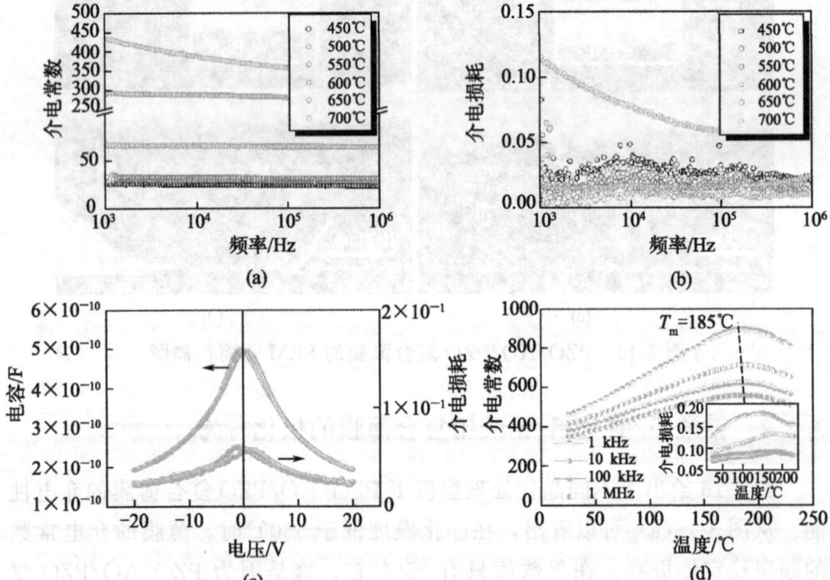

图 3-16　PZO/AO/PZO 复合薄膜的介电性能

PZO反铁电薄膜剩余极化近乎为零，这是其可以作为高储能密度电容器的主要优势之一。但是，对于前面讲到的双层PZO/AO复合薄膜而言，在700℃晶化处理后，引入AO膜层的PZO膜层被铁电化，其剩余极化强度和最大极化强度都大幅增加，这对储能性能优化来讲，尤其是对储能效率提高是极为不利的。我们试图通过改变晶化温度，控制复合薄膜的结晶程度，进而调控其微观极化态及宏观极化强度。从图3-17可以看出，当晶化温度小于650℃时，PZO/AO/PZO复合薄膜的电滞回线线型与线性电介质极化特征相似，这是因为薄膜主要以非晶态为主，未形成宏观电畴结构，内部出现的电偶极子为类玻璃态的电偶极子，相互间关联程度极低甚至无关联。同时，最大极化强度及剩余极化强度值均较低，$P_m - P_r$值在17μC/cm²左右，尽管在低温晶化有效降低了剩余极化强度P_r值，

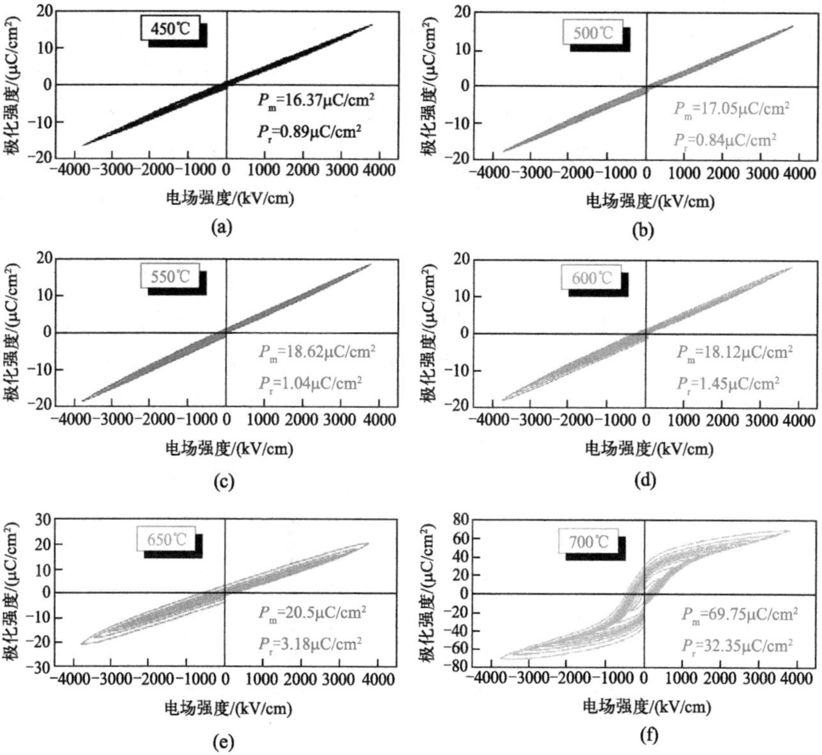

图3-17 PZO/AO/PZO复合薄膜的电滞回线

但非晶态的存在，导致最大极化强度 P_m 值也不高；当晶化温度为 700℃ 时，薄膜完全晶化，电滞回线呈铁电极化特征，P_m-P_r 值为 37.4μC/cm²。AO 膜层作为中间层，仍可利用其与 PZO 界面处形成的自建电场将其两侧的 PZO 膜层自极化。从 P_m-P_r 值看，储能密度是随着晶化温度的提高有可能提高，但由于 700℃晶化的薄膜，其电滞回线能量损耗较大，所以储能效率是被劣化的。

3.2.3 锆酸铅/氧化铝/锆酸铅复合薄膜的储能性能

利用 Weibull 分布法定量表征了 PZO/AO/PZO 复合薄膜的击穿场强，如图 3-18 所示。随着晶化温度的升高，薄膜的击穿场强 E_{BDS} 先增加后降低，极大值出现在晶化温度为 550℃，$E_{BDS}=4762$kV/cm；极小值出现晶化温度为 450℃，$E_{BDS}=4052$kV/cm；但极大值与极小值间差别不大。PZO/AO/PZO 复合薄膜经不同晶化处理温度后，击穿场强 E_{BDS} 值均大于 4000kV/cm。尽管有文献显示非晶态的薄膜绝缘强度要比晶化态的高，但是对于经过 700℃晶化处理的 PZO/AO/PZO 复合薄膜而言，其击穿场强 E_{BDS} 值仍高达 4181kV/cm，可见，非晶态对 PZO/AO/PZO 复合薄膜高击穿场强的贡献不是最主要的。选择 AO 膜层作为中间层，其与两侧 PZO 膜层在界面处均形成自建电场 E_{in}，一方面使得 AO 膜层中的载流子浓度大幅下降，甚至耗尽，大大提高了 AO 膜层的绝缘强度；另一方面具有反向双异质结构的 PZO/AO/PZO 复合薄膜，两个反向自建电场 E_{in} 总有一个会部分抵消施加在薄膜上的外电场，进而提高了 PZO/AO/PZO 复合薄膜的击穿场强。

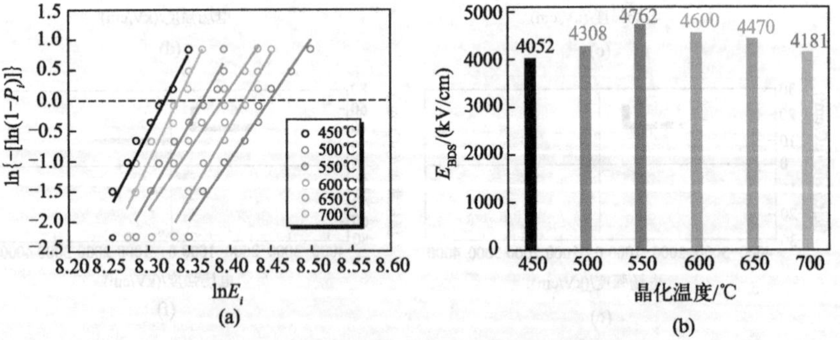

图 3-18 PZO/AO/PZO 复合薄膜的击穿强度

分析了 PZO/AO/PZO 复合薄膜的极化行为及击穿强度后，对其储能性能进行了计算。如图 3-19 所示，随着施加电场强度的增加，PZO/AO/PZO 复合薄膜的储能密度值逐渐增加，由于储能密度 W_{rev} 值与施加电场强度 E 的平方成正比，所以 W_{rev} 值增加呈非线性；当施加电场强度 $E=3780kV/cm$，晶化温度为 700℃时，PZO/AO/PZO 复合薄膜的储能密度 W_{rev} 值达到 40.6J/cm^3，为纯 PZO 薄膜的储能密度值的 4.5 倍，高的储能密度一方面源于高的击穿强度，另一方面是因为 700℃晶化处理后，薄膜具有较高的 P_m-P_r 值；当晶化温度低于 650℃时，其储能密度 W_{rev} 值大约在 30J/cm^3；更重要的是，当晶化温度低于 600℃时，PZO/AO/PZO 复合薄膜的电滞回线线性纤细，其储能效率 η 值在 85%以上；随着晶化温度的升高，电滞回线展宽，能量损耗增加，导致储能效率下降。晶化温度为 700℃的 PZO/AO/PZO 复合薄膜，其储能效率 η 值降至 37.5%。

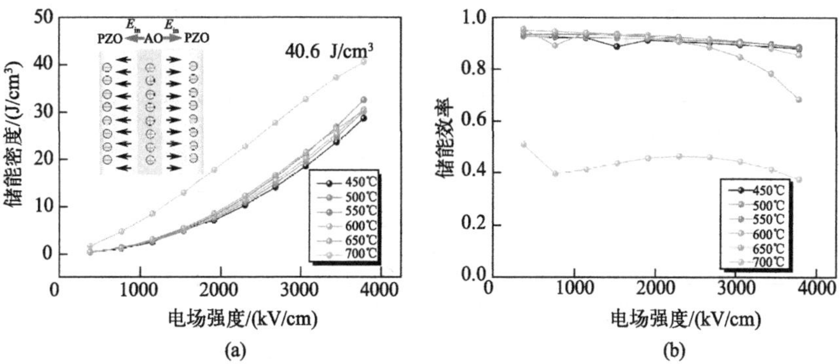

图 3-19　PZO/AO/PZO 复合薄膜的储能性能

3.3　反向双异质结锆钛酸铅/氧化铝/锆钛酸铅复合薄膜的储能性能

由于 PZO/AO/PZO 复合薄膜中，PZO 膜层的结晶程度对晶化温度并不十分敏感。在晶化温度低于 650℃的条件下，均存在非晶相，导致极化强度随着晶化温度升高增加得不明显，尽管储能效率很高，但储能密度值没有大幅提高；当晶化温度达到 700℃，即完全晶化，此时，极化强度增加明显，储能密度提高显著，但储能效率又劣化严重。所以选择结晶程度与极化行为对晶化温度更为敏感的 $PZ_{0.52}T_{0.48}$ 与 AO 构成反向双异质结构的复合薄膜将更有意义。

3.3.1 锆钛酸铅/氧化铝/锆钛酸铅复合薄膜的微观结构

图 3-20 为不同晶化温度 $PZ_{0.52}T_{0.48}$/AO/$PZ_{0.52}T_{0.48}O_3$（PZT/AO/PZT）复合薄膜的 XRD 图谱。在晶化温度为 450℃和 500℃时，薄膜的相结构以非晶态为主；当晶化温度为 550℃时，薄膜出现明显的晶化态，其 $(111)_{pc}$ 衍射峰强度变强；随着晶化温度的进一步升高，非晶态衍射峰越来越弱，$(111)_{pc}$ 衍射峰强度变强；当晶化温度达到 650℃时，非晶态消失，薄膜完全晶化，且晶化后的薄膜呈 $(111)_{pc}$ 择优取向生长，是因为 PZT 膜层与 Pt 衬底晶格错配造成的。

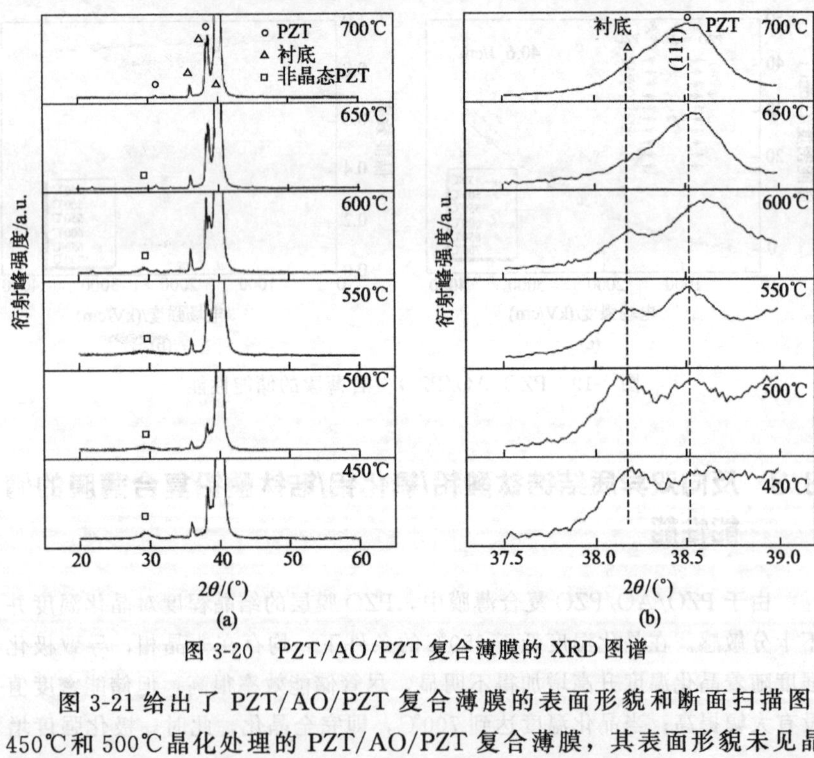

图 3-20 PZT/AO/PZT 复合薄膜的 XRD 图谱

图 3-21 给出了 PZT/AO/PZT 复合薄膜的表面形貌和断面扫描图。450℃和 500℃晶化处理的 PZT/AO/PZT 复合薄膜，其表面形貌未见晶

粒，为非晶态；当晶化温度为 550℃时，表面出现不连续分布的晶粒，出现晶化态；随着晶化处理温度进一步升高至 600℃时，出现晶粒的合并长大，“玫瑰”状晶粒团簇之间仍可见非晶区域；当晶化温度达到 650℃，薄膜表面可见连续分布的细小晶粒，薄膜完全晶化。从 SEM 断面背散射扫描图可以看出，AO 膜层作为中间层，与 PZT 界面明显，薄膜总厚度为 330nm，其中 AO 膜层所用前驱体浓度与 PZO/AO/PZO 中 AO 一致，其厚度为 30nm，所以 AO 膜层两侧膜层厚度大约各为 150nm。薄膜断面结构致密、无明显孔洞及裂纹等缺陷。

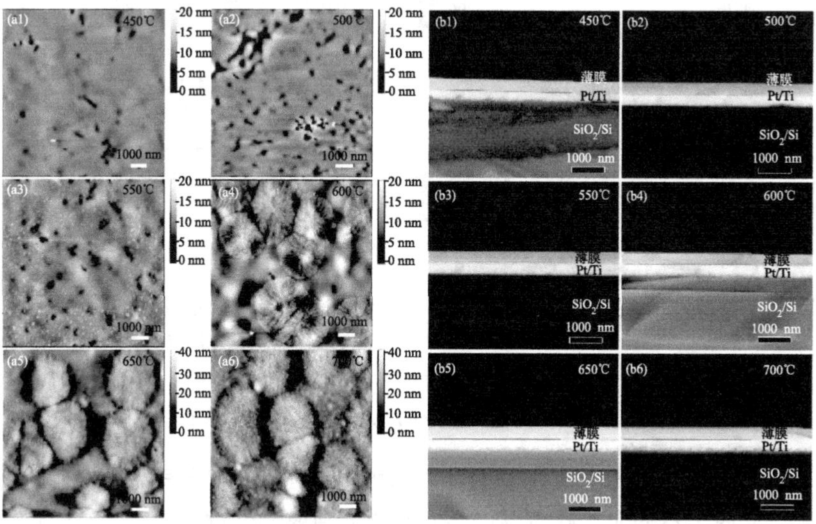

图 3-21　PZT/AO/PZT 复合薄膜的 AFM（a）与 SEM 扫描图（b）

3.3.2　锆钛酸铅/氧化铝/锆钛酸铅复合薄膜的极化行为

如图 3-22 所示，随着晶化温度的升高，晶化程度越来越高，PZT/AO/PZT 复合薄膜的介电常数逐渐增加。当晶化温度达到 700℃时，1kHz 下，薄膜的介电常数增加至 998，但仍低于 $PZ_{0.52}T_{0.48}$ 薄膜的介电常数约为 1400，这一结果符合电容器串联的结果。对于 700℃晶化的 PZO/AO/PZO 薄膜而言，其介电常数要大于纯 PZO 薄膜的，这主要是 PZO 膜层相变为铁电相导致的，铁电化的 PZO 的膜层要远高于纯 PZO 薄膜的介电常数，所以其仍然满足电容器串联模型。图 3-22(c) 为纯 $PZ_{0.52}T_{0.48}$ 薄膜的电容-电压曲线，其沿着电压＝0 对称分布，零场下电容值约为 1800pF；图 3-22(d) 为 PZT/AO/PZT 复合薄膜的电容-电压曲线，对称结构的复合薄膜其电容-电压曲线也是对称分布的，AO 膜层电容较低，根据电容器串联模型，导致复合薄膜零场电容降低至 970pF。

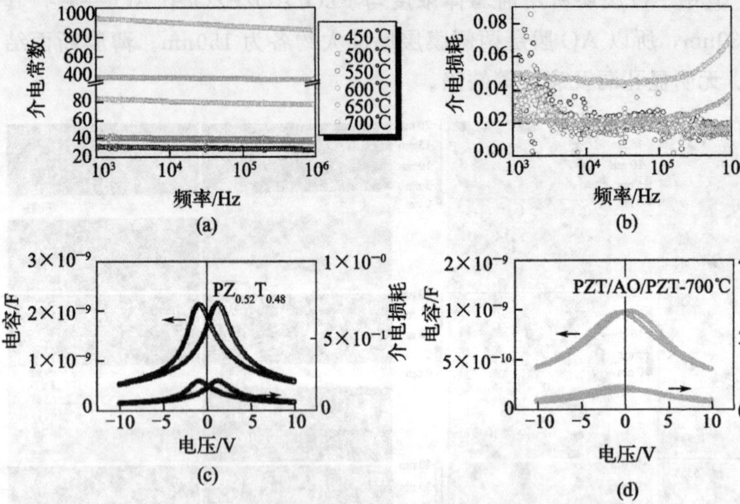

图 3-22　PZT/AO/PZT 复合薄膜的介电性能

电滞回线测试在 1kHz 条件下，施加电场强度根据各样品击穿强度决定。从图 3-23 可见，450℃和 500℃晶化处理的 PZT/AO/PZT 复合薄膜，其电滞回线呈线性极化特征，即极化强度 P 与外加电场强度 E 呈线性关系。

当晶化温度为 550℃时，PZT/AO/PZT 复合薄膜的极化强度有一定程度增加，这是因为此温度晶化处理后的薄膜呈部分晶化态，微观极化形成但又没有形成宏观高极化；随着晶化温度进一步增加，薄膜的结晶质量越来越高，极化强度迅速增加。随着晶化温度的升高，PZT/AO/PZT 复合薄膜最大极化强度 P_m 分别为 16.4μC/cm²、20.3μC/cm²、27.4μC/cm²、39.4μC/cm²、48μC/cm²、76.2μC/cm²；剩余极化强度 P_r 值分别为 0.4μC/cm²、2.1μC/cm²、3.6μC/cm²、7.3μC/cm²、13.5μC/cm²、19.6μC/cm²。

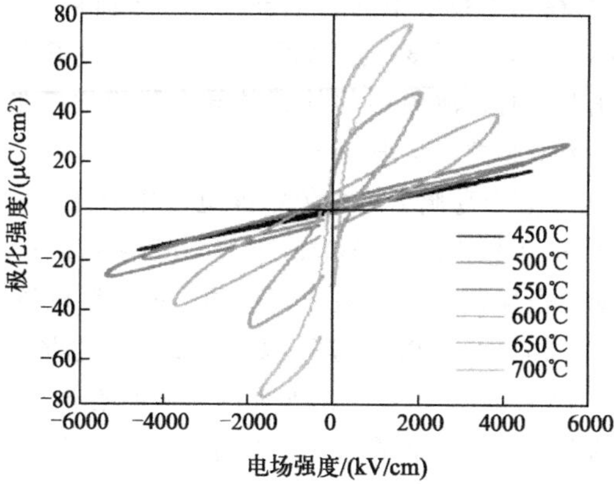

图 3-23　PZT/AO/PZT 复合薄膜的电滞回线

3.3.3　锆钛酸铅/氧化铝/锆钛酸铅复合薄膜的储能性能

利用 Weibull 分布法定量表征了 PZT/AO/PZT 复合薄膜的击穿场强 E_{BDS}。如图 3-24 所示，随着晶化温度的升高，薄膜的击穿场强 E_{BDS} 先增加后降低。450℃和 500℃低温晶化时，薄膜可能存在的少量结构缺陷，其击穿场强大约为 5000kV/cm；晶化温度为 550℃时，薄膜出现了部分晶化，击穿场强出现极大值 E_{BDS}=5711kV/cm；随着晶化温度进一步升高，击穿场强逐渐降低，当晶化温度为 700℃，E_{BDS}=2031kV/cm。高击穿强度主要源于 AO 膜层作为中间层与其两侧 PZT 膜层在界面处均形成自建

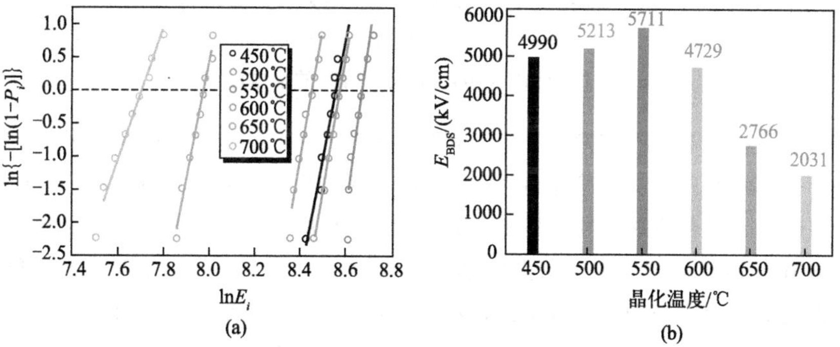

图 3-24　PZT/AO/PZT 复合薄膜的击穿强度

电场 E_{in}，一方面耗尽了膜层中的载流子，另一方面自建电场 E_{in} 会部分抵消施加在薄膜上的电场强度，进而提高了 PZT/AO/PZT 复合薄膜的击穿场强。高晶化温度时，薄膜中的外禀的导电隧道逐渐形成，比如说畴壁、晶界等，导致薄膜的击穿强度会大幅下降。

PZT/AO/PZT 复合薄膜的漏电流密度也可作为评价材料绝缘特性的一种方式。图 3-25 给出了 PZT/AO/PZT 复合薄膜的漏电流密度，所施加的电场强度因薄膜击穿强度存在差异而不同。测试漏电流密度-电场强度曲线时，450℃、500℃、550℃薄膜可以承受更高的电场强度，测试施加电场强度为 3000kV/cm，550℃晶化处理的薄膜具有最低的漏电流密度；随着晶化温度的升高，薄膜能够承受测试电场强度下降，当薄膜经 700℃晶化处理后，其漏电流密度最大。

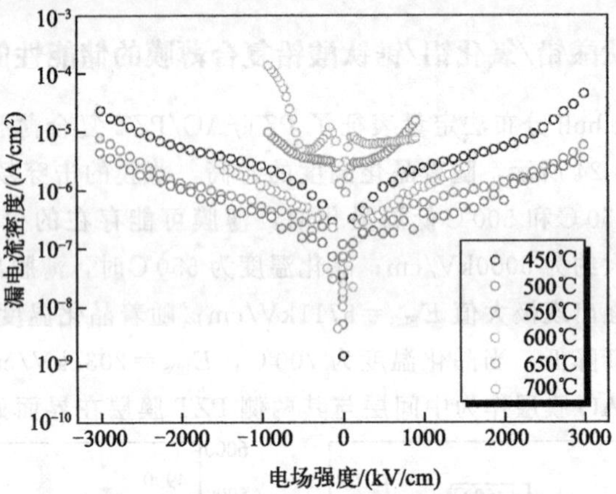

图 3-25　PZT/AO/PZT 复合薄膜的漏电流密度

分析了 PZT/AO/PZT 复合薄膜的极化行为及击穿强度后，根据式 (3-1) 和式 (3-2) 对复合薄膜的储能性能进行了计算。如图 3-26 所示，整体上，随着施加电场强度的升高，PZT/AO/PZT 复合薄膜的储能密度值 W_{rev} 逐渐增加；在电场强度小于 2000kV/cm 时，P_m-P_r 值决定储能密度值的大小，因此，700℃晶化处理的 PZT/AO/PZT 复合薄膜具有最高的储能密度值 $W_{rev}=31\text{J/cm}^3$；当电场强度介于 2000～4000kV/cm 区间内，600℃晶化处理的 PZT/AO/PZT 半结晶态复合薄膜，其 P_m-P_r 值要大于较低晶化处理的非晶态薄膜，其储能密度值 $W_{rev}=60J/cm^3$；当电场强度高于 4000kV/cm 时，550℃复合薄膜具有最高的击穿场强，此刻，击穿场强的高低决定了储能密度的大小，当 $E=5454kV/cm$ 时，其储能密度值 $W_{rev}=63.7J/cm^3$；而 450℃和 500℃晶化处理的非晶态薄膜由于低的极化强度值，其储能密度值相比半结晶态薄膜稍低，在电场强度为 4545kV/cm 时，储能密度值分别为 $34J/cm^3$ 和 $40.9J/cm^3$。但是非晶态薄膜其极化行为呈线性极化，所以其储能效率值较高，450℃晶化处理的薄膜，其储能效率高达 90%以上；500℃处理的薄膜其储能效率值也有 87.7%；550℃处理的薄膜具有最高储能密度值，其储能效率值为 81.3%；而随着晶化温度继续升高，储能效率下降明显，600℃、650℃、700℃处理的薄膜其储能效率分别为 72.5%、52.7%、69%。总而言之，经过 550℃晶化处理的 PZT/AO/PZT 复合薄膜的储能性能最佳，获得了高储能密度的同时，储能效率也保持在较高水平。可见，PZT/AO/PZT 结构的构建，使得复合薄膜具有高的击穿场强，同时，通过改变晶化处理温度，调控薄膜的极化行为，有利于获得高的储能密度和储能效率。

$$W_{rev}=\int_{P_m}^{P_r} E\mathrm{d}P \tag{3-1}$$

$$\eta=\frac{W_{rev}}{W_{rev}+W_{loss}} \tag{3-2}$$

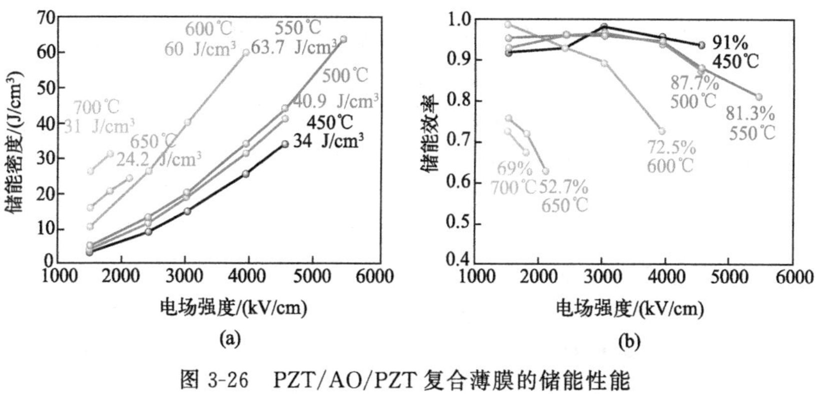

图 3-26　PZT/AO/PZT 复合薄膜的储能性能

第 4 章

柔性锆酸铅基复合薄膜的耐电强度设计与储能性能

4.1 界面层改性柔性锆酸铅薄膜的耐电强度与储能特性

4.1.1 底电极的优选

电介质电容器具有开路电压大、功率密度高、温度稳定性好等优点，在脉冲功率电源、新能源汽车逆变器、电磁弹射等领域受到越来越多的关注，然而较低的储能密度和储能效率限制了其进一步发展，因此开发出高储能特性的电介质材料至关重要。相比于顺电体电介质、线性电介质、铁电体电介质、弛豫型铁电体电介质，以 $PbZrO_3$ 为代表的反铁电体电介质由于具备独特的场致相变行为，成为最有潜力的储能材料。但纯 PZO 电介质材料的击穿场强较低且抗疲劳性较差，不利于电介质电容器的长期稳定运行。PZO 薄膜通常生长在刚性衬底上，无法在非平面环境下正常工作，且薄膜材料的质量容易受到底电极的影响，兼顾电介质电容器超高储能性能、优异温度稳定性、长期工作稳定性、弯曲稳定性也是现阶段面临的一项重大挑战。为了解决上述诸多问题，本章以反铁电 PZO 薄膜为研究对象，通过增强薄膜击穿场强改善储能性能，提出了一种利用界面层优化 PZO 薄膜储能特性的研究策略。

主要内容有：①研究不同底电极对无机薄膜质量的影响，选取适合在柔性 Mica 衬底上生长无机薄膜的底电极材料，探索底电极制备工艺。②研究 $LaNiO_3$(LNO) 界面层对 PZO 基反铁电薄膜质量和极化行为的影响规律。③研究 LNO 界面层引入后薄膜的漏电机制，优化无机薄膜的耐电强度与储能特性。

近年来，科研工作者在开发高储能特性薄膜电容器的过程中，发现薄膜材料底电极的质量会影响到电容器的储能性能[127-129]。因此在薄膜制备过程中优化底电极的质量至关重要。本节主要分析了两种底电极材料(LNO 和 Pt) 的制备过程及其表面形貌对 PZO 薄膜质量的影响规律。

首先，在 Mica 衬底上旋涂 1 层浓度为 0.3mol/L 的 LNO 溶液，匀胶后将湿膜置于 400℃的平板加热器上处理 3min，挥发掉有机溶剂，接下来将薄膜置于快速退火炉中，在 700℃的温度条件下快速退火 3min，得到长有 LNO 底电极的 LNO/Mica 薄膜，最后在 LNO/Mica 衬底上旋涂 4 层 PZO 溶液，制备出 PZO/LNO/Mica 薄膜材料。图 4-1(a) 和 (b) 分别给出了 LNO/Mica 和 PZO/LNO/Mica 的表面 SEM 图，从图中可以看出 LNO 底电极表面出现了裂纹等结构缺陷，PZO 薄膜的表面出现较多气孔，这可能是由于 LNO 湿膜在加热过程中溶剂挥发产生了较多的孔洞。PZO 膜层中较多的结构缺陷造成了绝缘性能大幅度下降，随着裂纹等缺陷增多，薄膜电介质最终呈导通状态，丧失绝缘性能。因此，在 Mica 衬底上生长 LNO 底电极不利于 PZO 基反铁电薄膜的集成制备。

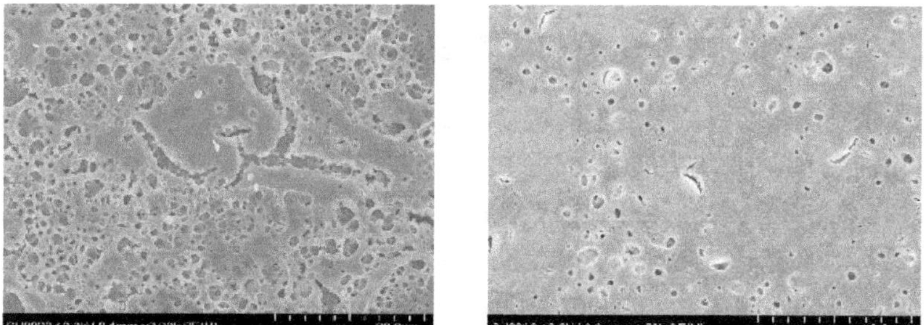

(a) LNO/Mica　　(b) PZO/LNO/Mica

图 4-1　LNO 底电极 (a) 和 PZO 薄膜 (b) 的表面 SEM 图

接下来，研究金属 Pt 底电极对 PZO 薄膜质量的影响，在 Mica 衬底上制备 Pt 底电极和 PZO 薄膜的流程，图 4-2(a) 和（b）分别给出了 Pt/Mica 和 PZO/Pt/Mica 的表面 SEM 图。

从图 4-2(a) 中可以看出，相比于 LNO 底电极，金属 Pt 底电极表面缺陷较少，电极表面较为平整，没有大面积的孔洞等缺陷，这是由于采取直流磁控溅射工艺制备的底电极材料尺寸均一、结构平整。从图 4-2(b) 中能够观察到 PZO 薄膜相对致密，晶粒尺寸均一，没有明显的孔洞、裂纹，PZO 薄膜和 Pt 底电极均很好地集成在 Mica 衬底上。因此，选择金属 Pt 作为底电极适合在 Mica 衬底上生长 PZO 基反铁电薄膜，本节后续研究均采用金属 Pt 作为柔性薄膜电容器的底电极材料。

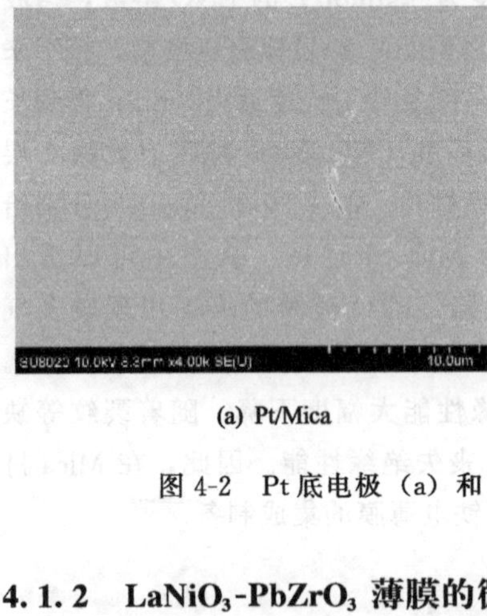

(a) Pt/Mica

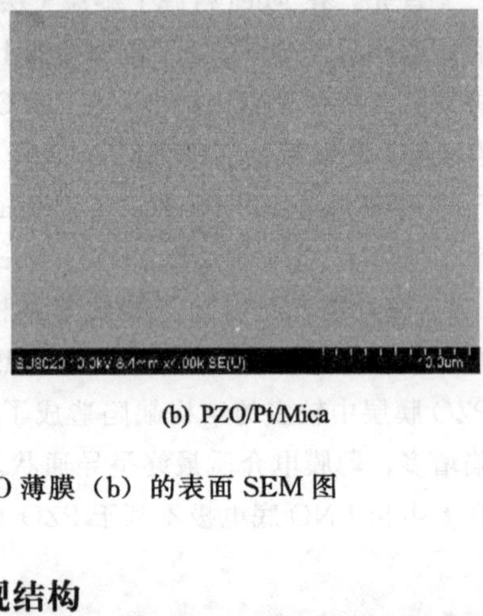

(b) PZO/Pt/Mica

图 4-2 Pt 底电极（a）和 PZO 薄膜（b）的表面 SEM 图

4.1.2 $LaNiO_3$-$PbZrO_3$ 薄膜的微观结构

微观结构在一定程度上影响了薄膜材料的性能，本节制备了四种不同结构的无机薄膜[Si/SiO_2/Ti/Pt-PZO(S-PZO)、Si/SiO_2/Ti/Pt-LNO-PZO(S-LNO-PZO)、Mica-Pt-PZO（M-PZO）和 Mica-Pt-LNO-PZO（M-LNO-PZO)]，如图 4-3 所示。为了对比 PZO 基反铁电薄膜在不同衬底上的结构差异，分别在刚性 Pt/Ti/SiO_2/Si 衬底和柔性 Mica 衬底上沉积薄膜，并利用 XRD、SEM、AFM 等表征手段研究 LNO 界面层对 PZO 反铁电薄膜微观结构的影响规律。

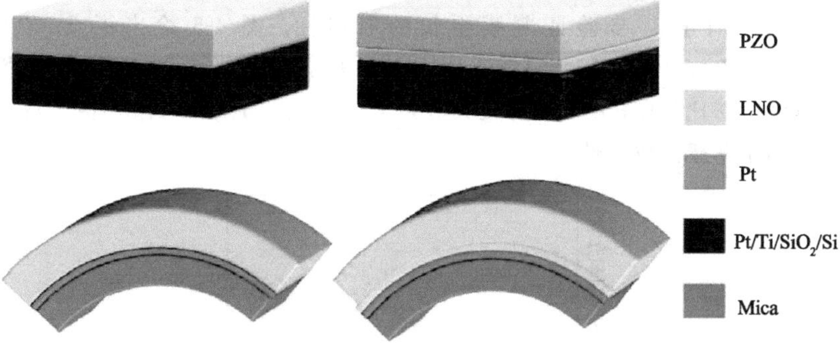

图 4-3　无机薄膜的结构示意图

图 4-4 为无机薄膜的室温 XRD 图谱，从图 4-4(a) 和 (b) 中可以清楚地观察到云母晶体和铂电极的衍射峰，PZO 薄膜为多晶钙钛矿结构，没有任何杂相，说明在快速退火的过程中 PZO 材料结晶良好。此外，没有检测到 LNO 界面层的衍射峰，这可能是 LNO 界面层厚度太薄导致的[130]。

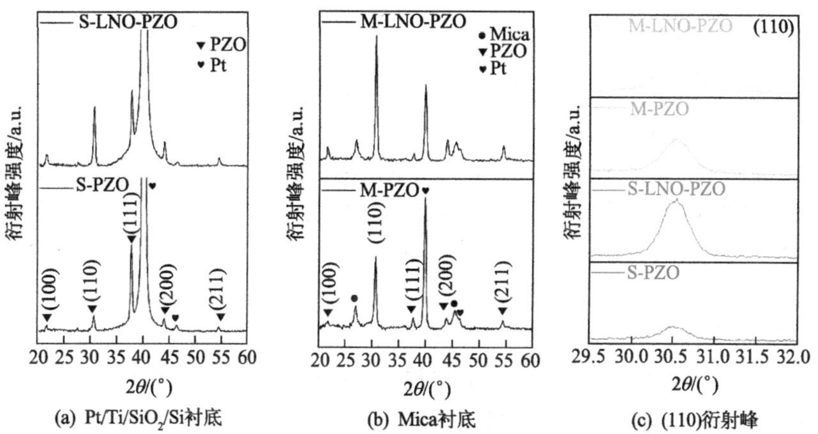

图 4-4　无机薄膜的室温 XRD 图谱

图 4-4(c) 为薄膜的 (110) 衍射峰精细扫描 XRD 图谱，从图中可以看出，引入 LNO 界面层后，(110) 衍射峰的强度增强。LNO 界面层会诱导 PZO 薄膜取向生长，这是由于 LNO 界面层具有逐渐调节衬底与薄膜之间晶格匹配的功能。衬底与薄膜之间的晶格失配和晶格畸变减少，薄膜之

间的应力与热处理过程中产生的热应力也较小，从而促进了薄膜的取向生长[131]。为了进一步验证薄膜生长的取向性，图 4-5 给出了 S-PZO、S-LNO-PZO、M-PZO、M-LNO-PZO 四种薄膜的 $I_{(110)}/[I_{(100)}+I_{(111)}]$衍射峰强度对比，LNO-PZO 薄膜具有最大的 $I_{(110)}/[I_{(100)}+I_{(111)}]$值，进一步证明了薄膜的取向性。

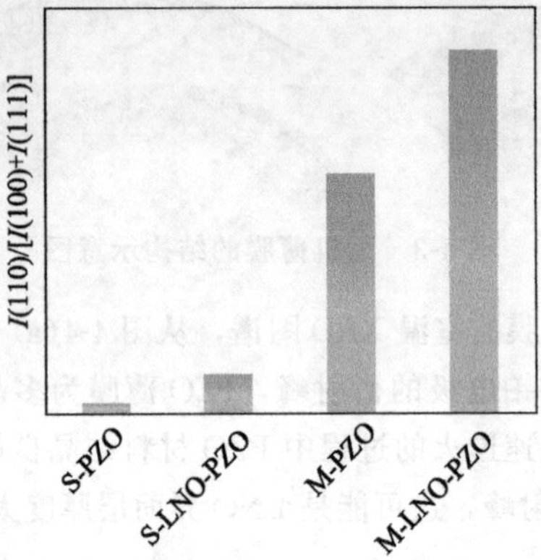

图 4-5　薄膜 $I_{(110)}/[I_{(100)}+I_{(111)}]$ 衍射峰强度的对比

图 4-6 为 S-PZO、S-LNO-PZO、M-PZO、M-LNO-PZO 四种薄膜的 SEM 断面图，从 SEM 断面图中可以看出薄膜的厚度为 260～270nm。由于 LNO 界面层的厚度太薄，无法从 SEM 断面图中观察到 LNO 层，因此，LNO 界面层对薄膜整体厚度的影响不大。此外，薄膜与底电极之间没有明显的扩散现象，薄膜内没有明显的结构缺陷，断面平整。可以发现 LNO-PZO 薄膜比 PZO 薄膜更加致密，LNO-PZO 薄膜呈现出明显的柱状晶结构，这从侧面证明了 LNO 界面层可以提高 PZO 薄膜的质量。

前文介绍了无机薄膜的断面形貌，薄膜材料的表面形貌也至关重要，图 4-7 为 S-PZO 和 S-LNO-PZO 薄膜的表面 AFM 图。结合 NanoScope Analysis 1.7 软件计算出薄膜材料的均方根表面粗糙度（R_{rms}），S-PZO 和 S-LNO-PZO 薄膜的表面粗糙度 R_{rms} 值分别为 5.7nm 和 3.2nm。可以看出，薄膜表面比较光滑，晶粒尺寸均一，与 S-PZO 薄膜相比，S-LNO-PZO 具有更低的表面粗糙度，这可能是由于 LNO 界面层的引入有效地改善了 PZO 薄膜的表面形貌，降低了表面粗糙度。

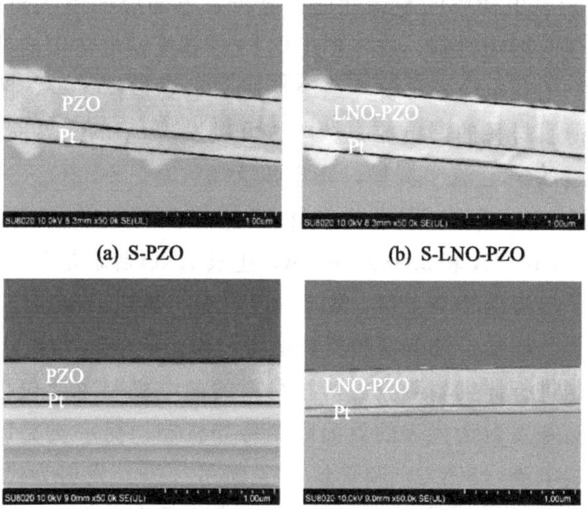

(a) S-PZO　(b) S-LNO-PZO

(c) M-PZO　(d) M-LNO-PZO

图 4-6　无机薄膜的 SEM 断面图

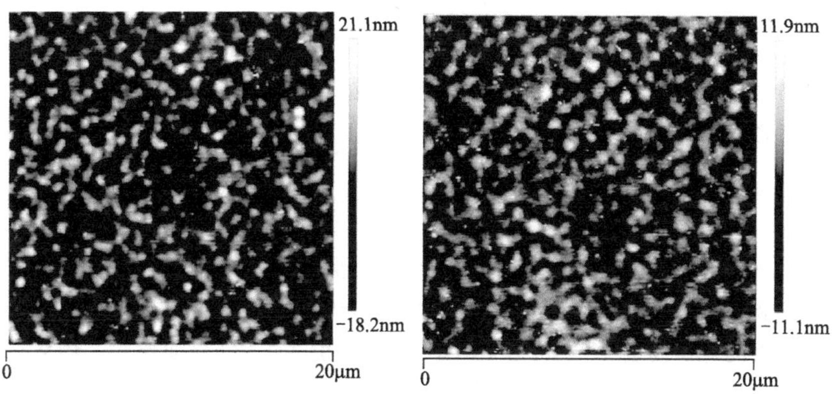

(a) S-PZO　(b) S-LNO-PZO

图 4-7　无机薄膜的 AFM 图

4.1.3　$LaNiO_3$-$PbZrO_3$ 薄膜的电学性能

本节主要通过测试 S-PZO、S-LNO-PZO、M-PZO 和 M-LNO-PZO 薄膜的漏电流、击穿场强和储能性能，对比刚性 Pt/Ti/SiO_2/Si 衬底和柔性

Mica 衬底上反铁电薄膜的绝缘性能，分析了界面层的引入对薄膜漏电特性和击穿场强的影响机制，进一步优化 PZO 基反铁电薄膜的储能特性。

薄膜材料的漏电流是评价其绝缘性能的重要指标之一，图 4-8(a) 为不同电压下薄膜材料的漏电流，从图中可以发现，LNO 界面层的引入显著降低了薄膜的漏电流。例如，在电压为 8V 时，S-PZO、S-LNO-PZO、M-PZO 和 M-LNO-PZO 薄膜的漏电流分别为 2.40×10^{-4}A、1.47×10^{-5}A、5.98×10^{-5}A 和 3.93×10^{-7}A。生长 LNO 界面层后，无机薄膜的漏电流下降了接近两个数量级，这是由于 LNO 起到了模板层的作用，有利于提高薄膜的质量，降低薄膜材料的漏电流。此外，相关文献对薄膜材料的漏电机制进行详细的研究，薄膜材料的漏电机制主要包括以下两类，一类是以肖特基发射为代表的界面限制传导机制，另一类是以欧姆传导、空间电流限制电流（SCLC）和普尔-弗兰凯尔（PF）发射为代表的体限制传导机制[41,132,133]。本节主要探究薄膜的肖特基发射机制，其电流密度为：

$$J=AT^2\exp\left\{\frac{-\left[\phi_B-q\sqrt{qE/(4\pi\varepsilon)}\right]}{kT}\right\} \tag{4-1}$$

式中，A 为理查德森常数；T 为温度；q 为电荷量；ϕ_B 为肖特基势垒高度；E 为电场强度；k 为玻尔兹曼常数；ε 为相对介电常数。

将式（4-1）变形为：

$$\ln\frac{J}{T^2}=\frac{q\sqrt{qE/(4\pi\varepsilon)}}{kT}+\ln A-\frac{\phi_B}{kT} \tag{4-2}$$

由上式可知，ln（J/T^2）与 $E^{1/2}$ 呈线性关系，其中，式（4-2）中的截距和斜率分别与材料的势垒高度和相对介电常数相关，较低的截距对应着较大的势垒高度[134]。从图 4-8(b) 可知，引入 LNO 界面层后，势垒高度明显提升，其中，相比于 $Pt/Ti/SiO_2/Si$ 衬底，生长在 Mica 衬底上的薄膜具有更低的漏电流，M-LNO-PZO 薄膜的拟合线位于最下侧，代表其具有最高的势垒高度。

击穿场强是评价薄膜材料绝缘性能的另一个重要指标，本文采用双参数威布尔法分析薄膜的击穿性能，如下式：

$$P(E)=1-\exp\left[-\left(\frac{E}{E_b}\right)^{\beta}\right] \tag{4-3}$$

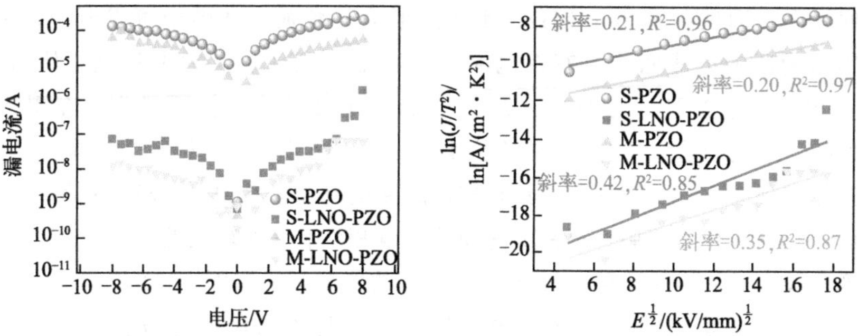

(a) 不同电压下的漏电流　　　　(b) 肖特基拟合

图 4-8　无机薄膜的漏电流

式中，$P(E)$ 为累积击穿概率；E_b 为 $P=63.2\%$时的特征击穿强度；β 为形状参数。图 4-9(a) 和 (b) 给出了四种薄膜的击穿场强威布尔分布图，由此可以得到 S-PZO、S-LNO-PZO、M-PZO 和 M-LNO-PZO 薄膜的击穿场强 E_b 值分别为 508.7kV/cm、664.4kV/cm、590.5kV/cm 和 784.1kV/cm。LNO-PZO 薄膜的击穿场强远高于 PZO 薄膜，这是由于 LNO 界面层促进了薄膜的致密化生长，从而有效地降低了薄膜的漏电流。在通常情况下，较小的漏电流意味着薄膜具有更高的击穿场强，本节中薄膜材料击穿场强的变化趋势和漏电流是一致的，M-LNO-PZO 薄膜具有最为优异的击穿性能。

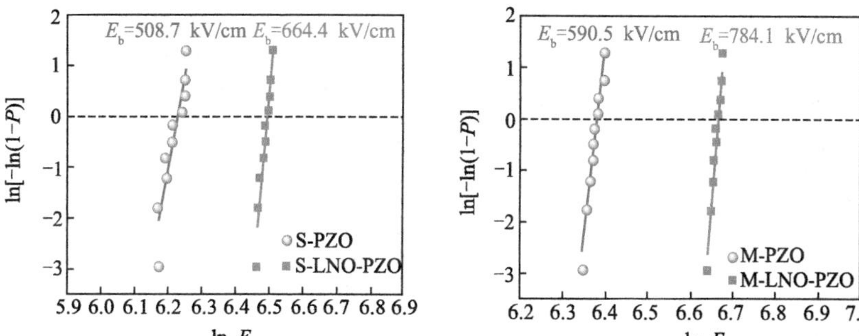

(a) Pt/Ti/SiO_2/Si衬底　　　　(b) Mica衬底

图 4-9　无机薄膜的击穿场强

电滞回线是表征电介质材料储能性能的重要手段，图 4-10(a)～(d) 为室温条件下 S-PZO、S-LNO-PZO、M-PZO 和 M-LNO-PZO 薄膜的电滞回线图，测试频率为 10kHz，测试波形为三角波。从图中可以看出，S-PZO 薄膜的电滞回线具有双电滞回线特征，呈现出反铁电特性。然而，M-PZO 薄膜受到云母衬底的应力影响，导致反铁电相不稳定，在引入 LNO 界面层后，一方面，改善了薄膜质量，提升了薄膜材料的绝缘性能，具体表现为 LNO-PZO 薄膜具有较低的漏电流和较高的击穿场强；另一方面，在退极化过程中，反铁电薄膜从铁电相没有完全转变为反铁电相，呈现出较大的剩余极化值，进而导致更多的能量损失。对于 Mica 衬底上生长的无机薄膜，M-PZO 薄膜的饱和极化强度和剩余极化强度值分别为 51.9$\mu C/cm^2$ 和 8.0$\mu C/cm^2$；M-LNO-PZO 薄膜的饱和极化强度和剩余极化强度值分别为 75.3$\mu C/cm^2$ 和 18.6$\mu C/cm^2$。引入 LNO 界面层后，PZO 薄膜退极化过程将会延迟，更多的能量将以热能形式损失掉。

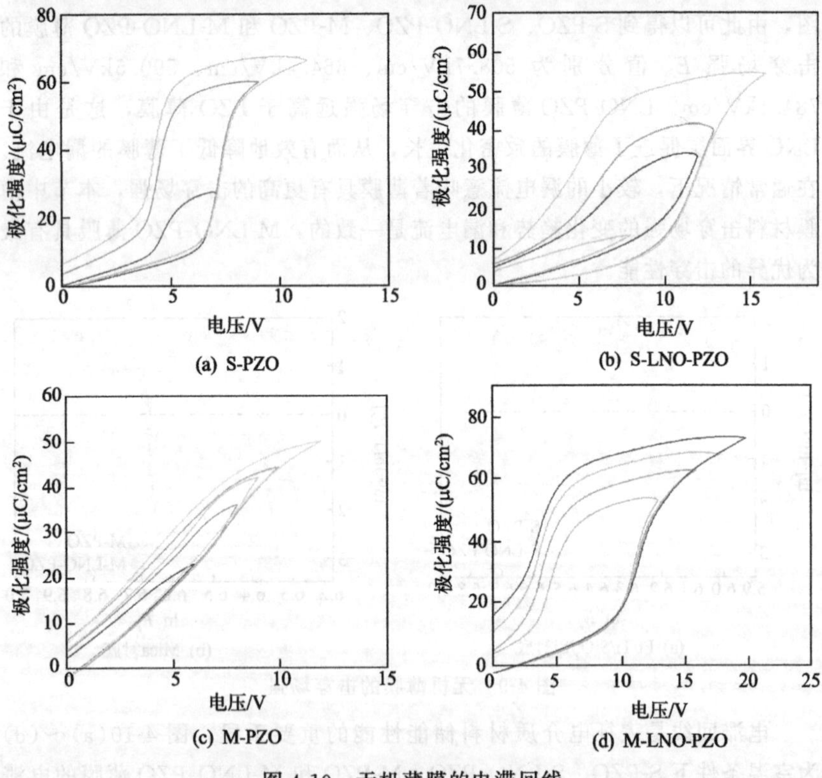

(a) S-PZO　(b) S-LNO-PZO　(c) M-PZO　(d) M-LNO-PZO

图 4-10　无机薄膜的电滞回线

图 4-11 为无机薄膜室温下的储能密度（W_{rec}）和储能效率（η），W_{rec} 值随着电场强度的增加而升高，而 η 值随着电场强度的增加呈下降的趋势。由图 4-11(c) 和（d）可知，S-PZO、S-LNO-PZO、M-PZO 和 M-LNO-PZO 薄膜的储能密度 W_{rec} 值分别为 9.1J/cm^3、10.6J/cm^3、9.0J/cm^3 和 16.6J/cm^3；储能效率 η 值分别为 46.8%、37.0%、67.5% 和 50.4%。纯 M-PZO 薄膜储能密度较低，仅为 9.0J/cm^3，在引入 LNO 界面层后，M-LNO-PZO 薄膜储能密度上升为 16.6J/cm^3。但是，M-LNO-PZO 薄膜的储能效率有所下降，这种现象可以用以下两个原因来解释：一方面，引入 LNO 界面层后，反铁电薄膜质量提高，击穿性能增强，导致储能密度提升；另一方面，由于引入 LNO 界面层，在退极化过程中，反铁电薄膜从铁电相到反铁电相的相变过程变得困难，剩余极化强度上

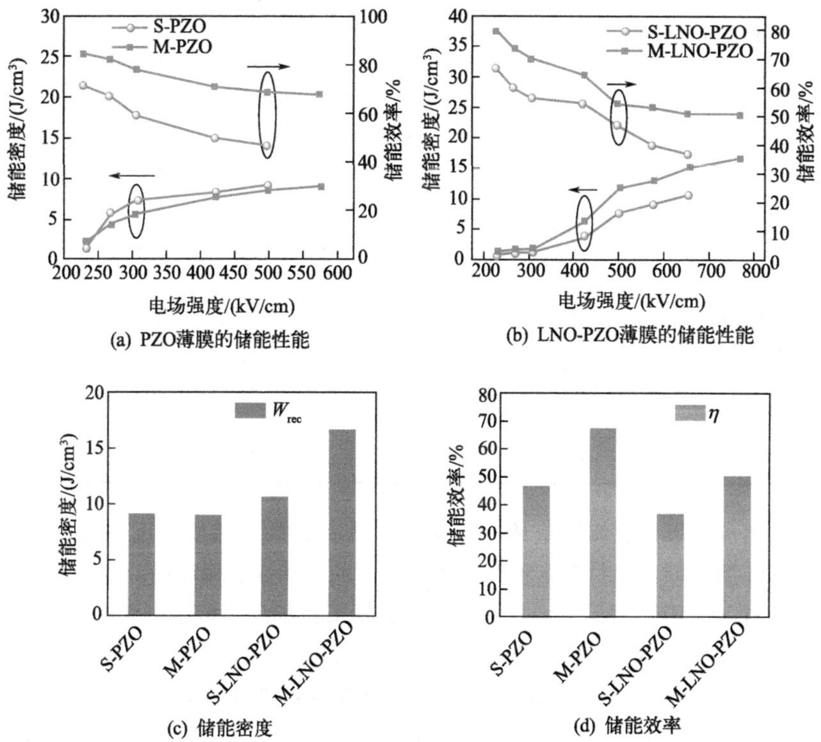

图 4-11　无机薄膜的储能性能

升，能量损失增大，进而储能效率有所下降。同时由图 4-11 可以看出，无论是 PZO 薄膜还是 LNO-PZO 薄膜，在云母衬底上生长的无机薄膜都比 Pt/Ti/SiO_2/Si 衬底具有更优异的储能性能，证实了云母衬底的实用性。

为了评价本章制备的柔性无机薄膜的储能性能，表 4-1 列举了相关代表性反铁电薄膜和陶瓷的储能密度 W_{rec} 值和储能效率 η 值。可以明显看出，本章的柔性无机薄膜具有优异的储能性能。

表 4-1 铅基反铁电材料储能性能比较

材料	类型	W_{rec}/(J/cm^3)	η/%	参考文献
PZO/LNO	薄膜	16.6	50.4	本工作
PZO	薄膜	9.0	67.5	本工作
PBLZST	薄膜	6.8	61.2	[97]
PZO	薄膜	9.0	38.6	[98]
PZO-PSO	薄膜	6.1	72.0	[99]
PLZT	薄膜	11.4	50.0	[100]
La-PZO	薄膜	14.9	—	[101]
PLZST	陶瓷	2.0	71	[102]
PLZST	陶瓷	3.4	59.4	[103]
PLZS	陶瓷	4.8	82.5	[104]
PZ-PMM	陶瓷	0.6	—	[105]
PLZST	陶瓷	1.3	78.7	[106]

薄膜电容器在实际应用中，除了要具备较高的储能密度和储能效率外，还要兼顾薄膜材料在不同工作条件下的储能性能稳定性，本节主要研究 M-LNO-PZO 薄膜的温度稳定性、长期工作稳定性和弯曲稳定性。

温度稳定性是保证薄膜电容器在较宽温度范围内正常运行的前提，本节通过测试不同温度下薄膜材料的储能性能，进而分析其温度稳定性。图 4-12(a) 和 (b) 给出了电场强度为 384.6kV/cm 时，M-PZO 和 M-LNO-PZO 薄膜的饱和极化强度 P_m、剩余极化强度 P_r 以及饱和极化强度与剩余极化强度的差值（P_m-P_r）与温度的关系图。从图中可以看出，随着温度升高，M-PZO 和 M-LNO-PZO 薄膜的饱和极化强度 P_m 值逐渐下降，剩余极化强度 P_r 值逐步上升。饱和极化强度 P_m 值下降是由于随着温度的升高，对称立方相含量的增加；相反，随着温度的升高，在退极化过程中，铁电相没有完全转换为反铁电相，导致剩余极化强度 P_r 值上升。同时，P_m-P_r 值随着温度上升呈下降趋势。温度测试区间为 25～140℃，M-PZO 薄膜的 P_m-P_r 值从 43.8μC/cm² 下降到 29.1μC/cm²；M-LNO-PZO 薄膜的 P_m-P_r 值从 43.6μC/cm² 下降到 32.8μC/cm²。

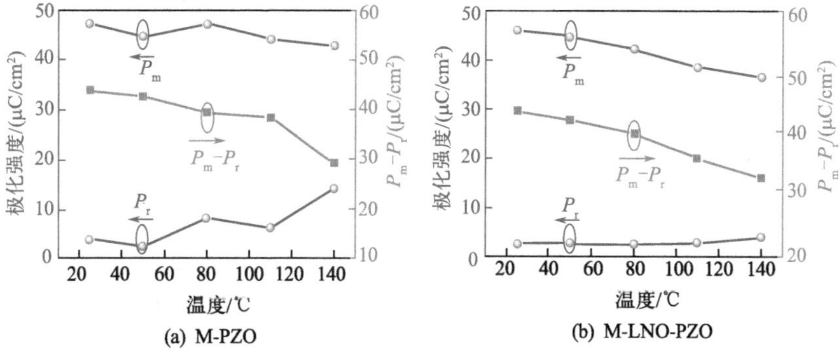

图 4-12　无机薄膜的极化强度与温度的关系

图 4-13 为 M-PZO 和 M-LNO-PZO 薄膜的储能性能温度稳定性图。图 4-13(a) 和（b）给出了电场强度为 384.6kV/cm 时，M-PZO 和 M-LNO-PZO 薄膜的储能性能。在固定电场强度下，薄膜的储能性能和 P_m-P_r 值相关。由于随着温度升高，P_m-P_r 值逐渐下降，因此，M-PZO 和 M-LNO-PZO 薄膜的储能密度和储能效率随着温度升高均呈下降的趋势。在 25～140℃ 的温度区间内，M-PZO 薄膜的储能密度从 7.0J/cm³ 下降到 4.0J/cm³，储能效率从 79.1% 下降到 53.8%；M-LNO-PZO 薄膜的储能密度从 5.5J/cm³ 下降到 3.9J/cm³，储能效率从 47.8%下降到 39.9%。

图 4-13(c) 和（d）展示了 M-PZO 和 M-LNO-PZO 薄膜的储能性能的温度稳定性，衡量薄膜温度稳定性的指标是 140℃时薄膜的储能性能相对于 25℃下降的比例。其中，M-PZO 薄膜的（$W_{rec25℃}-W_{rec140℃}$）/$W_{rec25℃}$

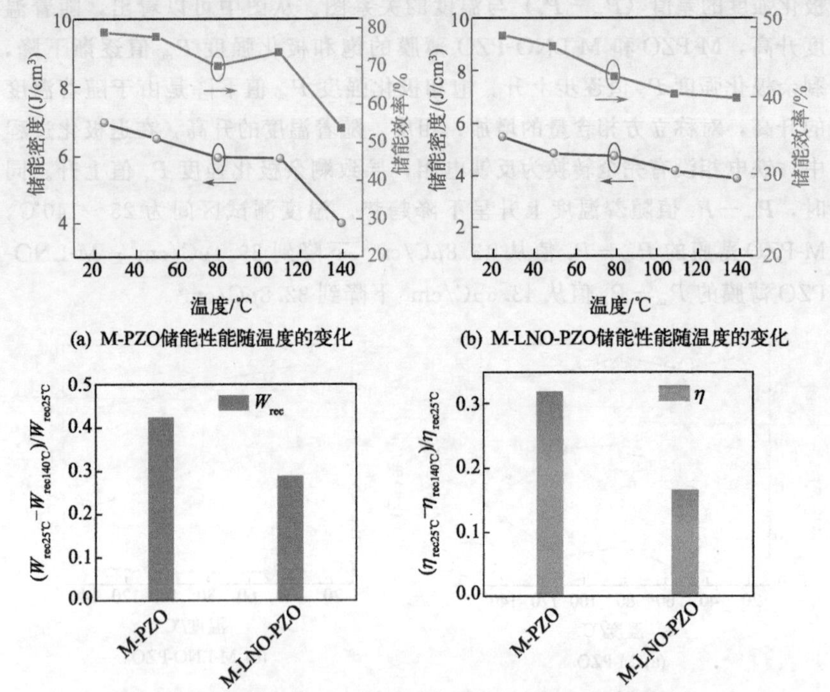

(a) M-PZO储能性能随温度的变化　(b) M-LNO-PZO储能性能随温度的变化

(c) W_{rec}的温度稳定性　(d) η的温度稳定性

图 4-13　无机薄膜的储能性能的温度稳定性

值和（$\eta_{rec25℃}-\eta_{rec140℃}$）/$\eta_{rec25℃}$ 值分别为 0.43 和 0.32；M-LNO-PZO 薄膜的（$W_{rec25℃}-W_{rec140℃}$）/$W_{rec25℃}$ 值和（$\eta_{rec25℃}-\eta_{rec140℃}$）/$\eta_{rec25℃}$ 值分别为 0.29 和 0.17。这可以证明，引入 LNO 界面层后，薄膜材料的热稳定性有所提高，这是由于 LNO 界面层的引入提高了 PZO 薄膜的质量，增强了反铁电薄膜的储能性能。

长期工作稳定性是薄膜电容器稳定运行的重要保证，本节中通过测试薄膜材料在不同循环疲劳周期下的储能密度和储能效率，进而分析其长期工作稳定性。图 4-14(a) 和 (b) 给出了 M-PZO 和 M-LNO-PZO 薄膜在不同循环疲劳周期下储能密度和储能效率的变化曲线，在电场强度为 576.5kV/cm 时，M-PZO 在经过 10^7 次疲劳后，储能密度从 6.0J/cm³ 下降到 5.1J/cm³，储能效率从 71.0%下降到 60.0%；M-LNO-PZO 在经过

10^7 次疲劳后，储能密度从 13.2J/cm^3 下降到 12.3J/cm^3，储能效率从 55.3%下降到 50.0%。

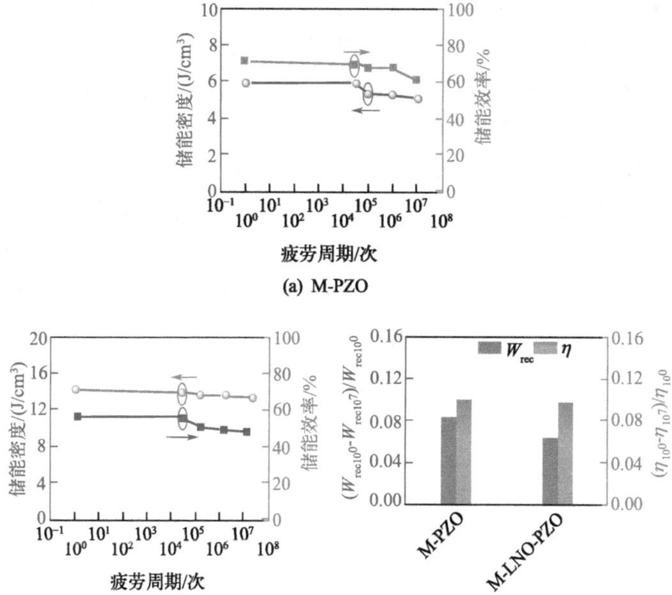

(a) M-PZO

(b) M-LNO-PZO

(c) 疲劳稳定性比较

图 4-14　无机薄膜的储能性能及疲劳稳定性

图 4-14(c) 展示了 M-PZO 和 M-LNO-PZO 薄膜的长期工作稳定性，衡量薄膜长期工作稳定性的指标是薄膜 10^7 次循环疲劳周期后的储能性能相对于单次疲劳下降的比例，其中，M-PZO 薄膜的 $(W_{rec10^0}-W_{rec10^7})/W_{rec10^0}$ 值和 $(\eta_{rec10^0}-\eta_{rec10^7})/\eta_{rec10^0}$ 值分别为 0.08 和 0.10；M-LNO-PZO 薄膜的 $(W_{rec10^0}-W_{rec10^7})/W_{rec10^0}$ 值和 $(\eta_{rec10^0}-\eta_{rec10^7})/\eta_{rec10^0}$ 值分别为 0.06 和 0.09。可以发现，在经过 10^7 次循环疲劳周期后，M-PZO 和 M-LNO-PZO 薄膜的储能密度和储能效率几乎不发生变化，M-LNO-PZO 薄膜具有更为优异的长期工作稳定性。

薄膜电容器在弯曲的条件下仍能保持优异的储能特性是其在柔性电子设备中实现应用的基础，本节首先采用简单的机械剥离方法将云母的厚度剥离至 10～20μm。然后，将云母片固定在夹具上，设置弯曲半径为

4mm。最后，通过测试不同弯曲次数后薄膜材料的储能性能，进而分析薄膜材料的弯曲稳定性。图 4-15(a) 和 (b) 给出了 M-PZO 和 M-LNO-PZO 薄膜在不同弯曲次数下储能性能的变化曲线，M-PZO 在经过 10^4 次弯曲后，储能密度从 10.2J/cm³ 下降到 6.6J/cm³，储能效率从 76.2%下降到 55.2%；M-LNO-PZO 在经过 10^4 次弯曲后，储能密度从 14.6J/cm³ 下降到 11.0J/cm³，储能效率从 55.6%下降到 45.5%。

图 4-15(c) 展示了 M-PZO 和 M-LNO-PZO 薄膜的弯曲稳定性。衡量薄膜弯曲稳定性指标是薄膜 10^4 次弯曲后的储能性能相对于单次弯曲下降的比例，其中，M-PZO 薄膜的 $(W_{rec10^0}-W_{rec10^4})/W_{rec10^0}$ 值和 $(\eta_{rec10^0}-\eta_{rec10^4})/\eta_{rec10^0}$ 值分别为 0.35 和 0.28；M-LNO-PZO 薄膜的 $(W_{rec10^0}-W_{rec10^4})/W_{rec10^0}$ 值和 $(\eta_{rec10^0}-\eta_{rec10^4})/\eta_{rec10^0}$ 值分别为 0.24 和 0.18。可以发现，在经过 10^4 次弯折试验后，M-LNO-PZO 薄膜具有更为优异的弯曲稳定性。

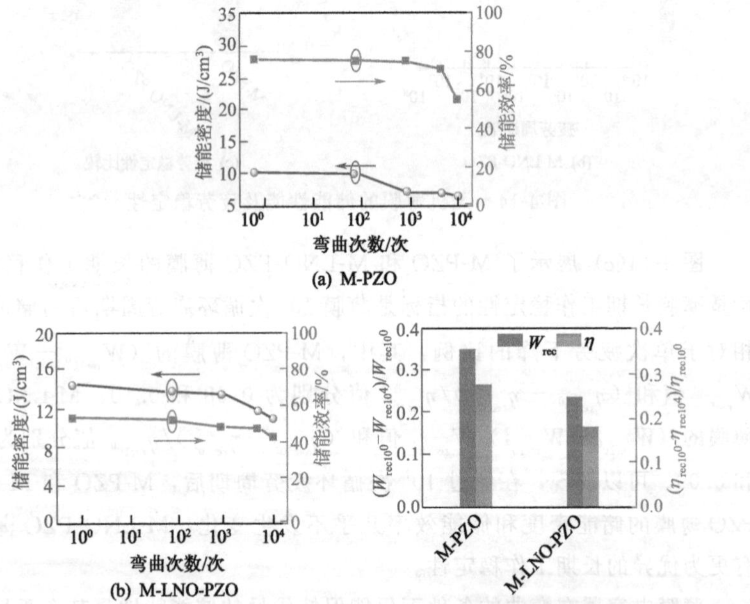

(a) M-PZO

(b) M-LNO-PZO

(c) 弯曲稳定性比较

图 4-15　无机薄膜的储能性能的弯曲稳定性

4.2 镧离子掺杂改性柔性锆酸铅薄膜的耐电强度与储能性能

4.2.1 $Pb_{1-3x/2}La_xZrO_3$ 复合薄膜微观结构

在前文中，开展了底电极制备以及界面层优化柔性 PZO 薄膜储能特性的相关研究，虽然储能性能有所提升，但是 PZO 薄膜自身的耐电强度和储能性能相对较差，仍然需要进一步提高 PZO 基反铁电薄膜的储能性能。相关文献显示，离子掺杂是优化反铁电薄膜储能性能的一种重要手段，离子掺杂直接影响反铁电薄膜的场致相变行为。近年来，对 PZO 薄膜材料掺杂的研究日益增多，离子掺杂的改性手段能够有效提高材料的储能特性，例如，在 A 位掺杂 La^{3+}、Sr^{2+}、Eu^{3+}、Li^{+}、Ba^{2+} 等离子，在 B 位掺杂 Ti^{4+}、Sn^{4+}、Nb^{5+}、W^{6+} 等离子[113,135,136]。离子掺杂后会部分取代 Pb^{2+} 和 Zr^{4+} 的位置，从而影响氧八面体结构中原子的排列，离子掺杂后也会引入氧空位等电荷缺陷，对薄膜的介电、耐电强度等性能产生一定影响。

反铁电 PZO 薄膜的储能性能与耐电强度、P_m-P_r 以及场致相变行为有关，学者们通过调控薄膜材料的极化与击穿性能实现了储能密度和储能效率的协同优化，开发出具有纤细电滞回线和较高击穿场强的无机薄膜成为热点研究课题。例如，Wang 等人[137] 提出了一种高效的纳米晶制备工艺，通过控制热处理温度来调节 $Ba_2Bi_{3.9}Pr_{0.1}Ti_5O_{18}$ 铁电薄膜的击穿性能和极化强度，从而获得优异的储能特性。Huang 等人[55] 通过调节退火温度来控制结晶行为，实现非晶 $BaTiO_3$ 基体与 $Bi(Ni_{0.5}Zr_{0.5})O_3$ 极性纳米微区的高效复合，在保持非晶薄膜击穿强度的同时提高了非晶薄膜的极化性能，减少不同结构的界面效应对储能电介质材料的负面影响。上述研究发现通过调控退火工艺可以有效地调节薄膜的结晶行为，但是退火温度与薄膜微观结构、储能性能之间的内在关系尚不明确，储能性能提升的物理机制需要进一步深入探索。

主要内容有：①研究 La^{3+} 掺杂组分变化对 PZO 薄膜微观结构和反铁电性的影响。②分析 La^{3+} 掺杂对薄膜储能性能的影响机制，探究不同组分薄膜的储能性能在外场作用下的变化规律。③改变退火温度制备出不同结晶程度的无机薄膜，研究不同薄膜的微观结构、耐电强度和储能特性，并对薄膜的极化行为和储能性能提升机制进行分析。

本节的研究对象为 $Pb_{1-3x/2}La_xZrO_3$（$x=0$、0.04、0.06、0.08）反铁电薄膜，重点研究 La^{3+} 的掺杂对 PZO 薄膜微观结构与储能性能的影响机制，通过改变 La^{3+} 的掺杂含量，研究 PZO 薄膜的相变行为，试图建立起 PZO 薄膜微观结构与储能性能之间内在联系。

图 4-16 为 $Pb_{1-3x/2}La_xZrO_3$（$x=0$、0.04、0.06、0.08）薄膜的 XRD 图谱和拉曼光谱，不同 La^{3+} 掺杂浓度的 PZO 薄膜均为钙钛矿结构，薄膜表现为（110）方向择优取向。当 La^{3+} 掺杂浓度达到 0.08 时，$Pb_{0.88}La_{0.08}ZrO_3$ 薄膜的（110）的衍射峰强度有所下降，这可能是由于随着掺杂含量的增大，La^{3+} 的占位情况发生变化。图 4-16（b）为 $Pb_{1-3x/2}La_xZrO_3$ 薄膜的拉曼光谱图，文献显示，664cm^{-1} 的拉曼信息峰对应 Zr—O 键拉伸振动模式[111]，随着 La^{3+} 掺杂含量的增加，664cm^{-1} 处的特征拉曼峰强度逐渐降低。

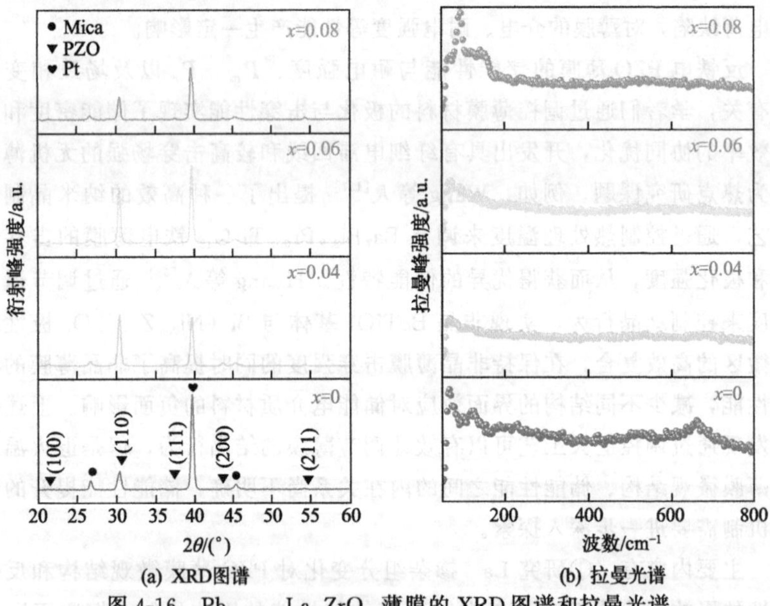

图 4-16 $Pb_{1-3x/2}La_xZrO_3$ 薄膜的 XRD 图谱和拉曼光谱

薄膜材料的生长取向会受到衬底夹持应力的影响，这不利于分析 La^{3+} 的占位情况。本节制备了 $Pb_{1-3x/2}La_xZrO_3$ 的陶瓷粉体，粉体的 XRD

图谱如图 4-17，在 XRD 图谱中没有观测到杂峰，说明 La^{3+} 已经被完全固溶。图 4-17(b) 为 (110) 衍射峰精细谱，扫描范围为 30°～32°，扫描步长和积分时间分别为 0.02°和 1.4s。从图中可以看出，随着 La^{3+} 掺杂含量的增加，(110) 衍射峰向高角度偏移，当 La^{3+} 掺杂含量为 0.08 时，衍射峰向低角度偏移，根据布拉格方程 $n\lambda=2d\sin\theta$，可以看出，晶面间距 d 随着 La^{3+} 含量的增加呈现先增加后降低的趋势。La^{3+} 的离子半径为 0.103nm，Pb^{2+} 的离子半径为 0.119nm，Zr^{4+} 的离子半径为 0.072nm，当掺杂含量较低时，La^{3+} 倾向于占据 Pb^{2+} 的位置，会导致晶格常数减小；当掺杂含量达到 0.08 时，La^{3+} 的占位情况可能发生变化，倾向于占据 Zr^{4+} 的位置，导致晶面间距增大。

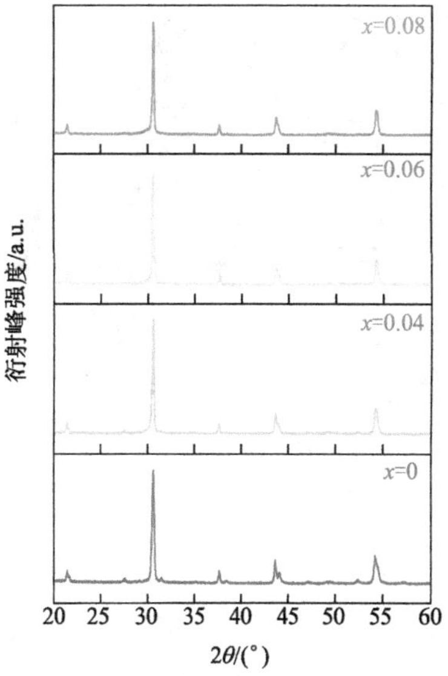

(a) $Pb_{1-3x/2}La_xZrO_3$全谱

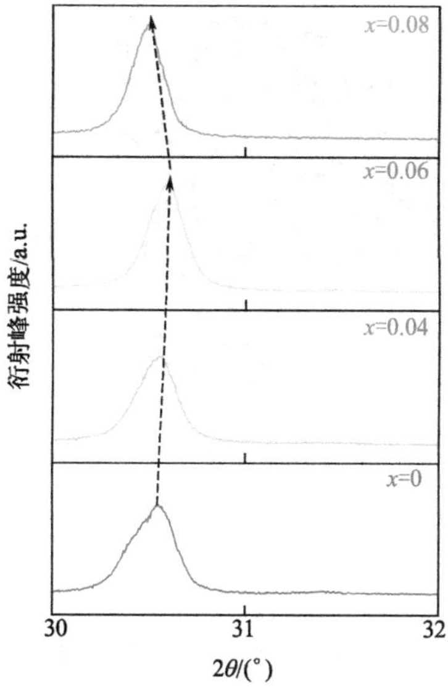

(b) (110)衍射峰精细谱

图 4-17　$Pb_{1-3x/2}La_xZrO_3$ 粉体的 XRD 图谱

图 4-18 为 $Pb_{1-3x/2}La_xZrO_3$ 薄膜的表面 AFM 图，颗粒尺寸均匀，薄膜表面致密，随着 La^{3+} 的引入，薄膜的表面粗糙度呈增长的趋势，其中，$Pb_{1-3x/2}La_xZrO_3$ ($x=0$、0.04、0.06、0.08) 薄膜的均方根表面粗糙度分别为 7.2nm、33.1nm、28.7nm、45.6nm。

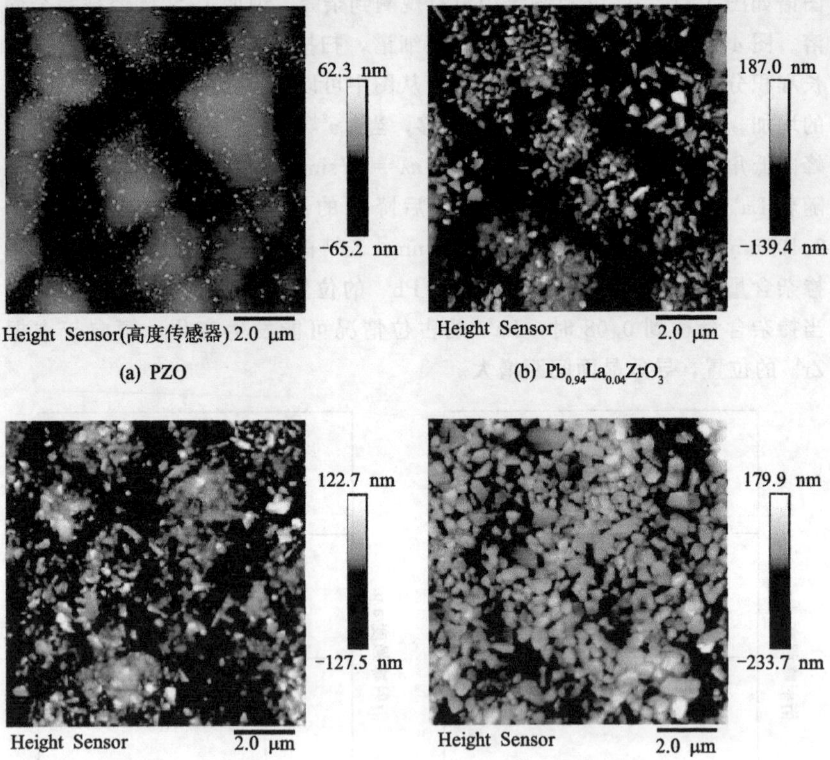

(a) PZO (b) $Pb_{0.94}La_{0.04}ZrO_3$

(c) $Pb_{0.91}La_{0.06}ZrO_3$ (d) $Pb_{0.88}La_{0.08}ZrO_3$

图 4-18 $Pb_{1-3x/2}La_xZrO_3$ 薄膜的 AFM 图

图 4-19 为 $Pb_{1-3x/2}La_xZrO_3$ 薄膜的 SEM 断面图，从图中可以看出薄膜断面结构完整，没有明显的孔洞和裂纹等缺陷，薄膜的厚度约为 260nm。随着 La^{3+} 的引入，薄膜的致密性有所增加，相关研究表明，无机薄膜致密性提高有利于提升薄膜的抗击穿能力，改善薄膜材料的绝缘性能[16]。

为了进一步分析引入 La^{3+} 后薄膜的截面结构，图 4-20 展示了 $Pb_{0.91}La_{0.06}ZrO_3$ 薄膜的 TEM 截面图、高分辨 TEM 图和快速傅里叶变换（FFT）图。从图 4-20(a) 中可以看出，$Pb_{0.91}La_{0.06}ZrO_3$ 薄膜断面结构均一，结构致密，没有明显的缺陷，此外薄膜的厚度与 SEM 测试结果一致。

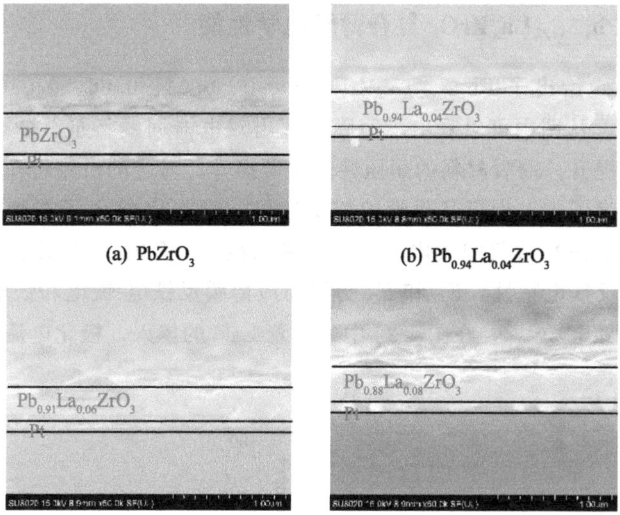

(a) $PbZrO_3$　(b) $Pb_{0.94}La_{0.04}ZrO_3$

(c) $Pb_{0.91}La_{0.06}ZrO_3$　(d) $Pb_{0.88}La_{0.08}ZrO_3$

图 4-19　$Pb_{1-3x/2}La_xZrO_3$ 薄膜的 SEM 断面图

对图 4-20(a) 中黄色区域做高分辨透射电子显微镜图，测试结果如图 4-20(b) 所示，高分辨图中呈现出明显的晶格条纹，说明在 700℃的退火温度下，薄膜完全结晶为钙钛矿相。图 4-20(c) 为由图 4-20(b) 区域进行的 FFT 图，通过 Digital Micrograph 软件计算出高分辨 TEM 图像的晶面间距和晶面夹角，对照量取的晶面间距和 PDF 卡片中的 d 值，证实了与 XRD 测试结果的一致性。

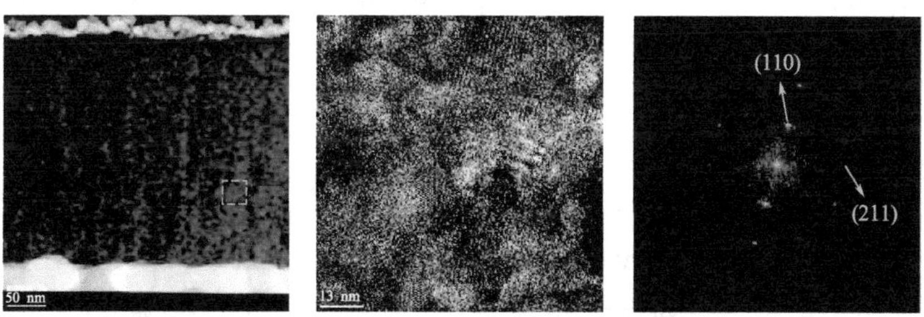

(a) TEM截面图　(b) 高分辨TEM图　(c) 快速傅里叶变换图

图 4-20　$Pb_{0.91}La_{0.06}ZrO_3$ 薄膜的 TEM 图

4.2.2 $Pb_{1-3x/2}La_xZrO_3$ 复合薄膜电学性能

图 4-21 给出了 $Pb_{1-3x/2}La_xZrO_3$（$x=0$、0.04、0.06、0.08）薄膜的 P-E 曲线，从图中可以看出，薄膜呈现出双电滞回线特征，随着 La^{3+} 掺杂含量的提升，薄膜材料的耐压性能有所提升，对应的机制将在后文中详细讨论。为了进一步研究薄膜的相变过程，图 4-22 给出了在相同电场下 $Pb_{1-3x/2}La_xZrO_3$ 薄膜的极化电流和电滞回线图，PZO 薄膜具有四个电流峰，符合反铁电特性，E_F 和 E_A 分别对应薄膜反铁电-铁电和铁电-反铁电的相变临界电场[138]，在图 4-22 中，随着 La^{3+} 的掺入，极化电流值呈现下降的趋势。

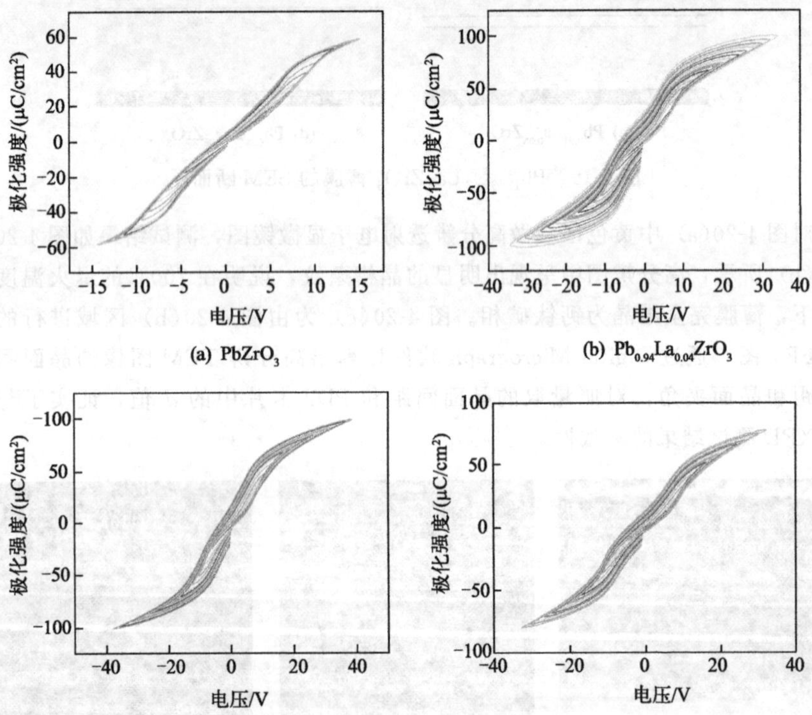

(a) $PbZrO_3$　(b) $Pb_{0.94}La_{0.04}ZrO_3$　(c) $Pb_{0.91}La_{0.06}ZrO_3$　(d) $Pb_{0.88}La_{0.08}ZrO_3$

图 4-21 $Pb_{1-3x/2}La_xZrO_3$ 薄膜的电滞回线

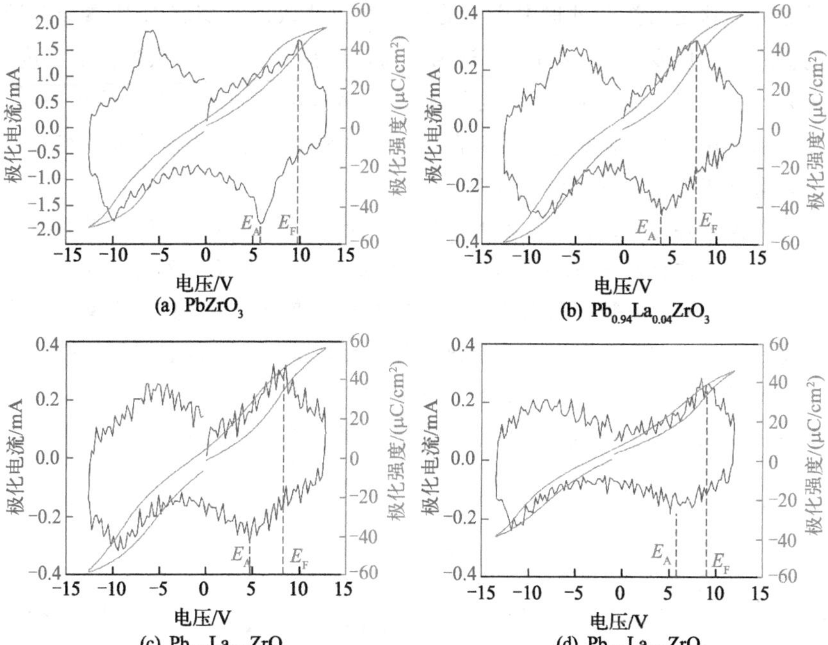

(a) $PbZrO_3$　(b) $Pb_{0.94}La_{0.04}ZrO_3$

(c) $Pb_{0.91}La_{0.06}ZrO_3$　(d) $Pb_{0.88}La_{0.08}ZrO_3$

图 4-22　$Pb_{1-3x/2}La_xZrO_3$ 薄膜的电滞回线和极化电流

图 4-23 给出了在相同电场下薄膜材料的极化强度和相变临界电场随着 La^{3+} 掺杂含量的变化图，饱和极化强度 P_m 值和剩余极化强度 P_r 值随着 La^{3+} 掺杂浓度的增大有明显下降的趋势，同时 P_m-P_r 值也呈现下降

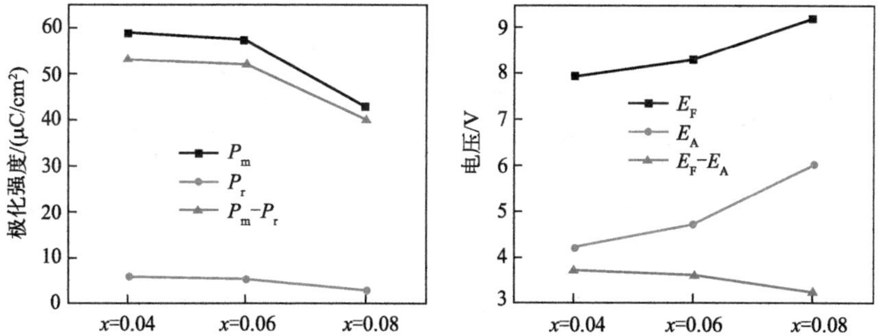

(a) 极化强度随组分变化　(b) 极化电流随组分变化

图 4-23　$Pb_{1-3x/2}La_xZrO_3$ 薄膜的极化性能

的趋势，这是由掺杂过程中产生的离子空位造成的。随着 La^{3+} 掺杂含量的提升，可以发现 E_F 和 E_A 值逐渐提高，这有利于提升薄膜的储能密度，此外，E_F-E_A 值逐渐下降，与图 4-22 中薄膜电滞回线的变化趋势一致。E_F-E_A 值下降，表明薄膜材料在发生场致相变的过程中能量损失相对较少，有利于提升材料的储能效率。

薄膜材料通常工作在高温的条件下，研究不同温度下无机薄膜的漏电流有利于评估材料的绝缘性能，图 4-24 给出了在 25℃、80℃、140℃时，$Pb_{1-3x/2}La_xZrO_3$ 薄膜的漏电流随电压变化图。随着温度升高，薄膜的漏电流呈现上升的趋势，这是由于温度的提高可以加速电极处载流子的注入以及载流子在薄膜中的传导，进而使薄膜材料的漏电流升高。无机薄膜的漏电流随着温度的变化幅度不大，证明了薄膜材料具有良好的温度稳定性。

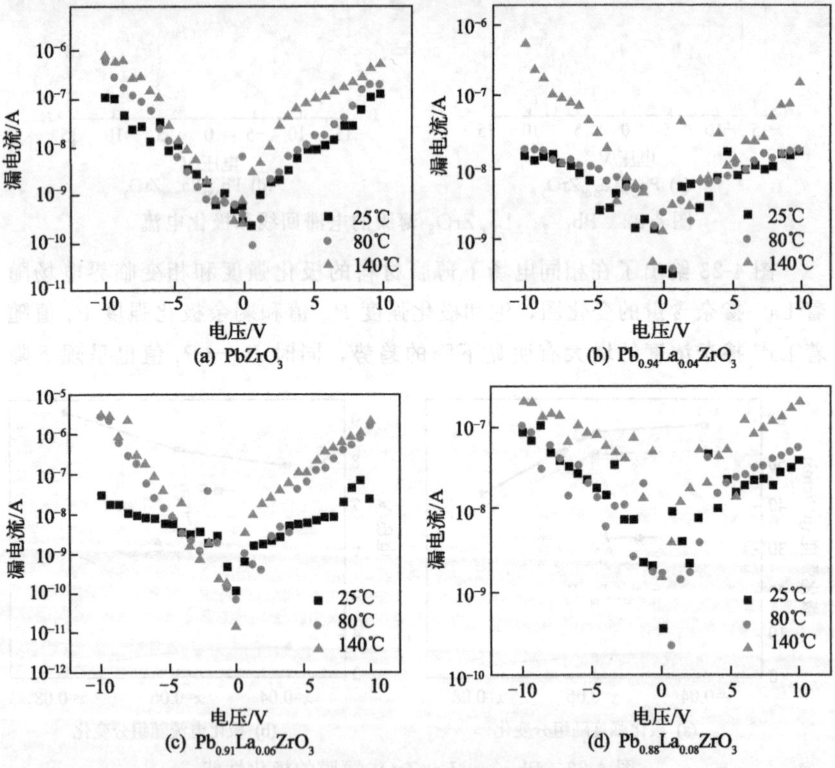

(a) $PbZrO_3$　(b) $Pb_{0.94}La_{0.04}ZrO_3$

(c) $Pb_{0.91}La_{0.06}ZrO_3$　(d) $Pb_{0.88}La_{0.08}ZrO_3$

图 4-24　$Pb_{1-3x/2}La_xZrO_3$ 薄膜的变温漏电流

图 4-25 为 $Pb_{1-3x/2}La_xZrO_3$ 薄膜的漏电流对比图，在 10V 的电压作用下，$Pb_{1-3x/2}La_xZrO_3$（$x=0$、0.04、0.06、0.08）薄膜的漏电流分别为 1.1×10^{-6}A、2.3×10^{-8}A、1.6×10^{-8}A、3.8×10^{-8}A。随着 La^{3+} 掺杂含量的提升，薄膜的漏电流呈现先下降后增加的趋势，La^{3+} 掺杂可以捕获移动的载流子，使得漏电流下降。但是，当掺杂含量达到 0.08 时，薄膜的漏电流下降。这是由于氧空位数量随着掺杂含量的提升而大幅度上升，电子传导的路径随之增大，进而绝缘性能下降。

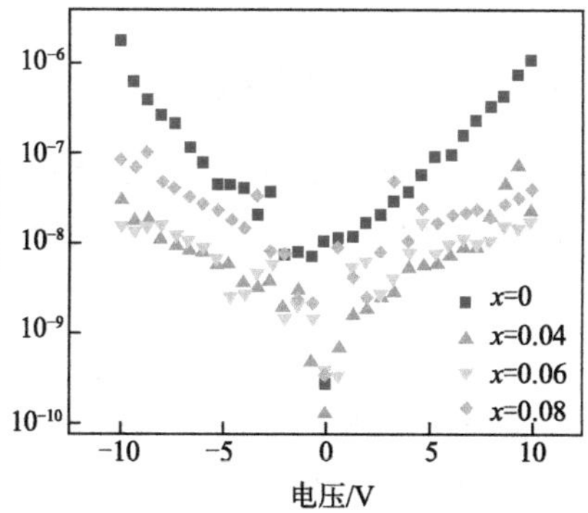

图 4-25　$Pb_{1-3x/2}La_xZrO_3$ 薄膜的漏电流对比

图 4-26 给出了 $Pb_{1-3x/2}La_xZrO_3$ 薄膜的击穿场强的威布尔分布图，La^{3+} 掺杂后，薄膜的击穿场强大幅度上升，反铁电薄膜伴随着场致相变行

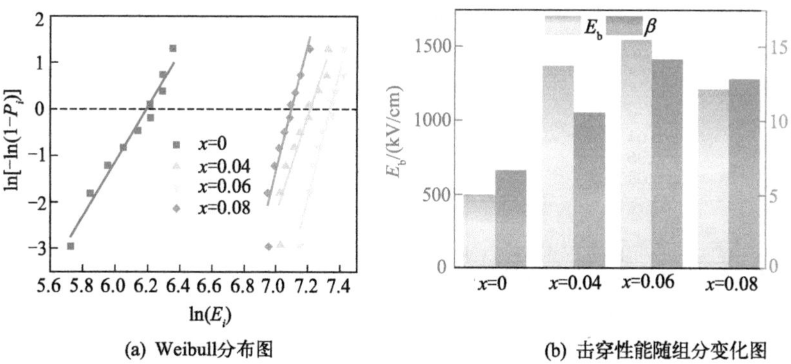

图 4-26　$Pb_{1-3x/2}La_xZrO_3$ 薄膜的击穿场强

为，伴随的电致伸缩现象会劣化材料的绝缘性能，反铁电薄膜的击穿性能总是低于弛豫型铁电体和铁电体材料。本节中，$Pb_{1-3x/2}La_xZrO_3$（x＝0、0.04、0.06、0.08）薄膜的击穿场强分别为492.5kV/cm、1363.0kV/cm、1541.0kV/cm、1210kV/cm；形状参数分别为6.6、10.5、14.1、12.8。$Pb_{0.91}La_{0.06}ZrO_3$ 薄膜具有最大的击穿场强和形状参数，击穿性能随着 La^{3+} 掺杂含量增加的变化趋势与漏电流的变化趋势一致，低掺杂含量有利于提升薄膜材料的绝缘性能，当掺杂含量过大时，其击穿性能逐渐劣化。

4.2.3 $Pb_{1-3x/2}La_xZrO_3$ 复合薄膜储能性能

根据图4-21所示的 P-E 曲线，通过积分计算出 $Pb_{1-3x/2}La_xZrO_3$ 薄膜的储能密度和储能效率，如图4-27所示。在最大电场强度下，对于不同 La^{3+} 掺杂的薄膜，当 x＝0、0.04、0.06、0.08时，$Pb_{1-3x/2}La_xZrO_3$ 薄膜的储能密度 W_{rec} 值分别为9.07J/cm^3、25.2J/cm^3、34.9J/cm^3 和24.8J/cm^3，$Pb_{0.91}La_{0.06}ZrO_3$ 薄膜的储能密度提升了385%。在最大电场强度下，对于不同 La^{3+} 掺杂的 $Pb_{1-3x/2}La_xZrO_3$ 薄膜，当 x＝0、0.04、0.06、0.08时，薄膜的储能效率 η 值分别为72.6%、43.4%、58.3%和60.1%。储能性能提升的因素主要有两个方面：一方面，La^{3+} 掺杂导致薄膜材料的击穿性能提高，进而提升薄膜的储能密度；另一方面，薄膜材料的临界相变电场（E_F-E_A）下降，使得材料的储能效率提升。

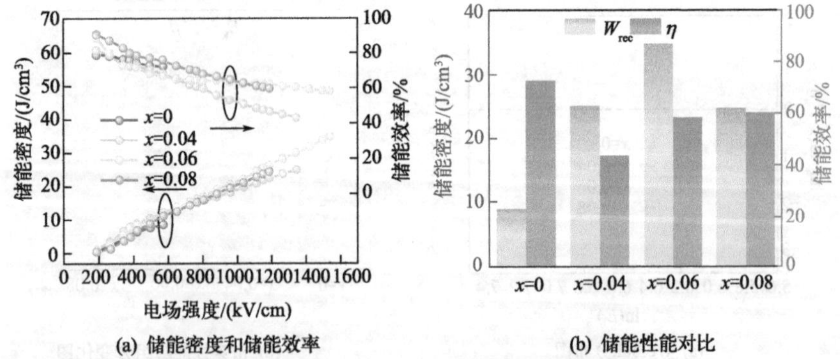

(a) 储能密度和储能效率　　(b) 储能性能对比

图4-27　$Pb_{1-3x/2}La_xZrO_3$ 薄膜的储能性能

4.3　介电绝缘层改性柔性锆酸铅薄膜的耐电强度与储能性能

4.3.1　$PbZrO_3/Al_2O_3$ 异质结构薄膜的微观结构

通过离子掺杂和快速退火工艺，柔性 PZO 基薄膜的储能性能有所提升，但是经过元素成分设计和结晶行为调控，PZO 薄膜逐渐失去本征属性。薄膜的储能性能仍有一定的提升空间，通过层状复合方式改善薄膜耐电强度和储能性能的研究屡见不鲜，Nguyen 等人[139] 构建了多层 $PbZrO_3/Pb_{0.9}La_{0.1}Zr_{0.52}Ti_{0.48}O_3$ 异质结构薄膜，通过调节堆垛周期数提升多层薄膜的储能性能，Ge 等人[140] 通过设计 $SiO_2/Ba_{0.6}Sr_{0.4}Ce_{0.05}Ti_{0.95}O_3/ZrO_2$ 三明治结构增强薄膜储能特性。虽然为改善基于多层薄膜电容器储能特性所做的许多研究工作都取得了成功，但是目前对许多基本问题的理解仍然不够清晰，尤其是制备工艺对薄膜界面结构和化学成分的影响以及它们与电性能的关系，开发柔性衬底生长的薄膜电容器将在柔性智能器件中起到关键作用。

基于此，开展有关 PZO/Al_2O_3(AO) 异质结构薄膜柔性化制备技术及储能性能研究。相比于 PZO 薄膜，AO 具有更高的绝缘强度，二者具有不同的禁带宽度和费米能级，当具有费米能级差的异质结构相互接触时，在费米能级差的驱动下，电子载流子将由费米能级高的一端扩散至费米能级低的一端，在二者界面处形成自建电场，本章中对 PZO/AO 异质结构薄膜的设计和通过自建电场调控薄膜极化性能的研究思路为高储能电介质的研发开辟了一条新的途径。

主要内容有：①揭示异质结界面区（PZO 与 AO）自建电场与复合薄膜几何结构协同作用对反铁电层场致相变行为及复合薄膜极化行为的影响规律与机制，给出薄膜电容器获得高储能性能和耐电强度的结构设计方案。②分析不同 AO 纳米绝缘层厚度对柔性 PZO 薄膜的极化行为的影响，研究复合薄膜耐电强度、极化行为与储能特性。

如图 4-28 所示，本节在柔性 Mica 衬底上设计了四种结构的柔性 PZO/AO 多层薄膜，分别为 PZO、PZO/AO/PZO（PAP）、AO/PZO/AO（APA）和 AO/PZO/AO/PZO/AO（APAPA）。揭示 PZO 与 AO 界面区

自建电场的形成机制，阐明多层薄膜结构设计对反铁电层场致相变行为及复合薄膜极化行为的影响规律。最终，给出薄膜电容器获得高储能性能的结构设计方案。

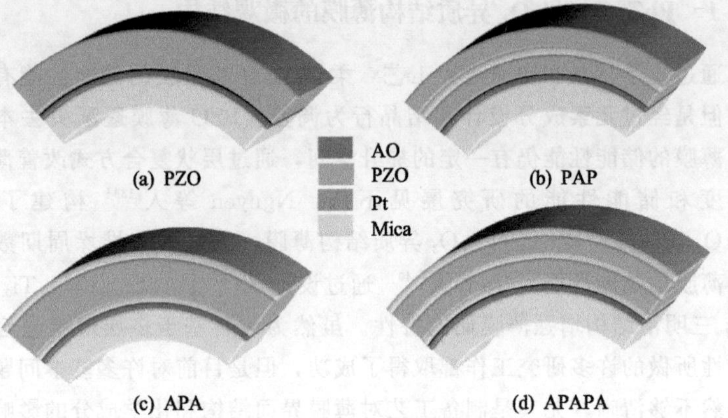

图 4-28　多层薄膜的结构示意图

图 4-29 为多层薄膜的 XRD 图谱。从图 4-29(a) 中可以发现，除了 Pt 底电极和 Mica 的衍射峰外，PZO 薄膜都具有纯多晶钙钛矿结构。

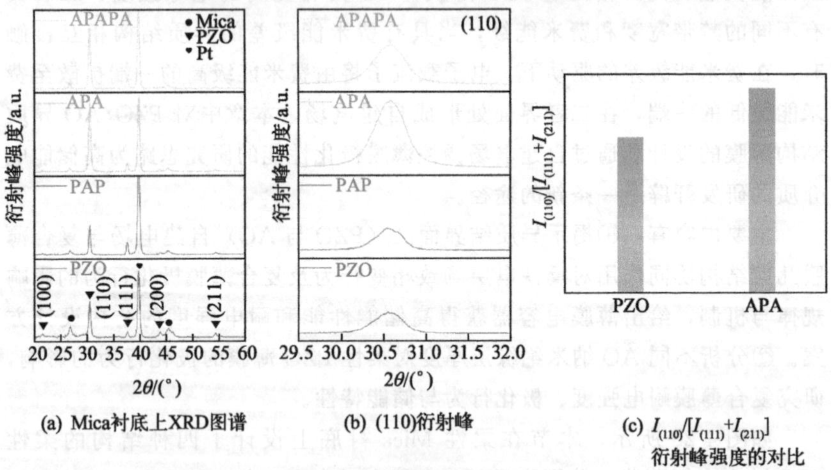

图 4-29　多层薄膜的 XRD 图谱

此外，AO 薄膜没有检测到衍射峰，表明其具有非晶特性，如图 4-29（b）所示，在 APA 和 APAPA 薄膜中引入 AO 层后，（110）衍射峰强度增强。PZO 和 APA 薄膜的 $I_{(110)}$ /[$I_{(111)}$ + $I_{(211)}$] 衍射峰值强度的对比如图 4-29(c) 所示，可以发现，引入 AO 后，薄膜沿（110）晶面具有较高的生长概率，这可能是由于非晶 AO 层起到了生长模板的作用。

为了表征 PZO/AO 多层薄膜的断面结构，图 4-30 给出了多层薄膜的 SEM 断面图。其中，PZO、PAP、APA 和 APAPA 薄膜的厚度分别为 261nm、268nm、274nm 和 279nm。可以推测每一层 AO 薄膜的厚度为 5nm 左右。多层薄膜结构致密，没有发现明显的结构缺陷。

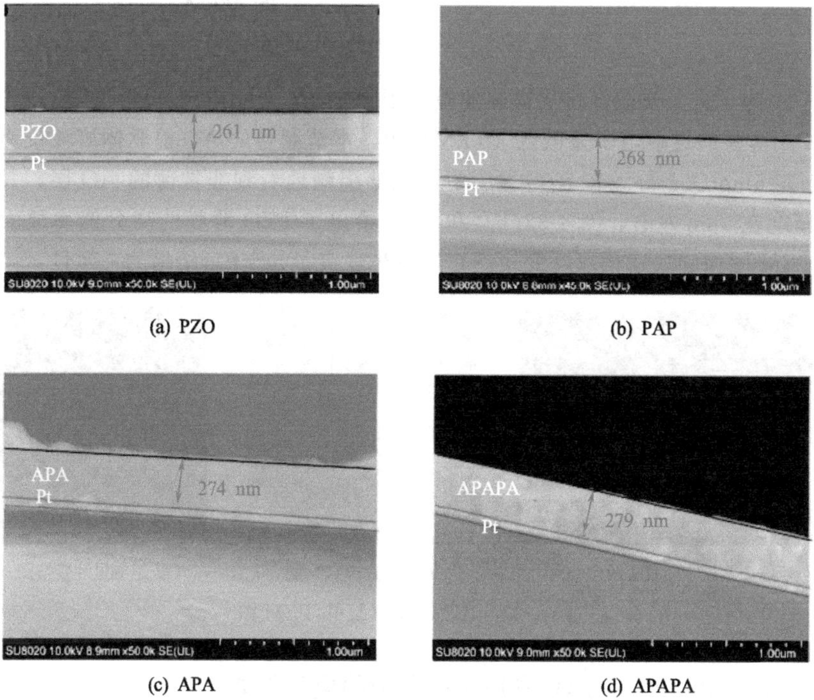

(a) PZO　(b) PAP　(c) APA　(d) APAPA

图 4-30　多层薄膜的 SEM 断面图

图 4-31 给出了 20μm×20μm 范围内 PZO 和 APAPA 薄膜的表面 AFM 图，PZO 和 APAPA 薄膜的表面粗糙度分别为 5.42nm 和 5.39nm。由此可见，引入 AO 膜层未对复合薄膜的表面粗糙度产生明显影响。

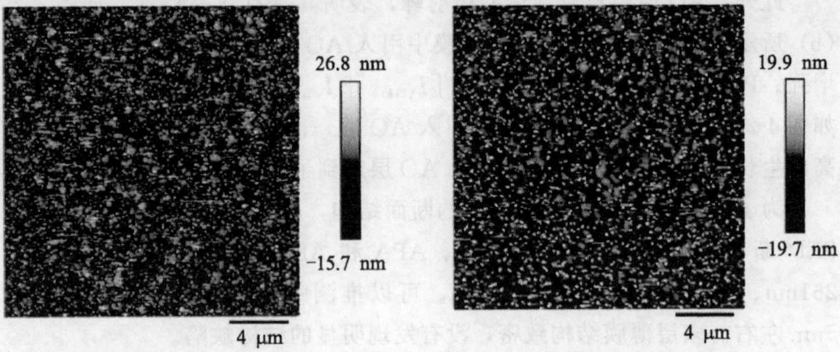

(a) PZO (b) APAPA

图 4-31 多层薄膜的 AFM 图

为了进一步表征多层薄膜的微观断面结构，图 4-32(a) 给出了 APAPA 薄膜的透射电子显微镜（TEM）图，本节制备的 AO 前驱体溶液仅为 0.005mol/L，导致在 PZO 薄膜中仅能够模糊地看到非常薄的 AO 层，其厚度在 5nm 左右，图 4-32(b) 和 (c) 给出了 PZO 薄膜的高分辨率放大 TEM 图像和快速傅里叶变换图，进一步证实了与 XRD 结果的一致性。

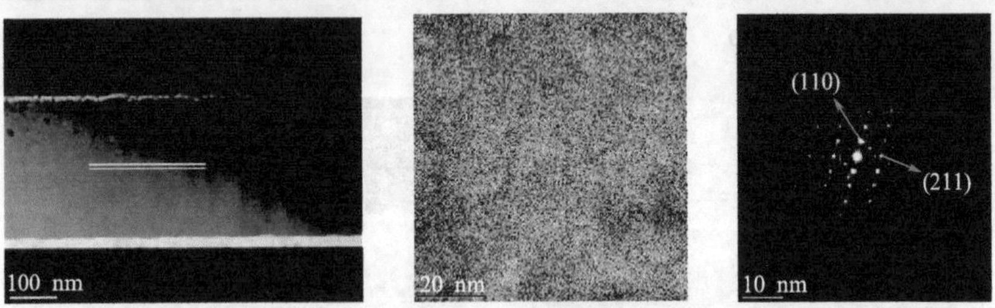

(a) TEM截面图 (b) 高分辨TEM图 (c) 快速傅里叶变换图

图 4-32 APAPA 薄膜的 TEM 图

4.3.2 $PbZrO_3/Al_2O_3$ 异质结构薄膜的电学性能

图 4-33(a) 为多层薄膜的电滞回线，PZO 薄膜在 12V 电压下的 P_m 值 P_r 值分别为 $48.6\mu C/cm^2$ 和 $3.0\mu C/cm^2$，与纯 PZO 薄膜相比，在相同电压下 PAP、APA 和 APAPA 薄膜的 P_m 值略有下降，这可能是较小介电常数的 AO 层分压作用导致 PZO 层延迟极化。此外，纯 PZO 薄膜不能承

受进一步增加的电压，相反，PAP、APA 和 APAPA 多层薄膜可以承受更高的施加电压。AO 绝缘层的引入不仅可以提高薄膜的耐压性，还可以降低类似铁电薄膜电滞回线的形状，相关的机制将在后文讨论。结合图 4-33(a) 和 (b) 可知，APAPA 薄膜即使在很高的施加电压下，也能够呈现出细长的 *P-E* 曲线，并且具有较大的饱和极化强度和较小的剩余极化强度。

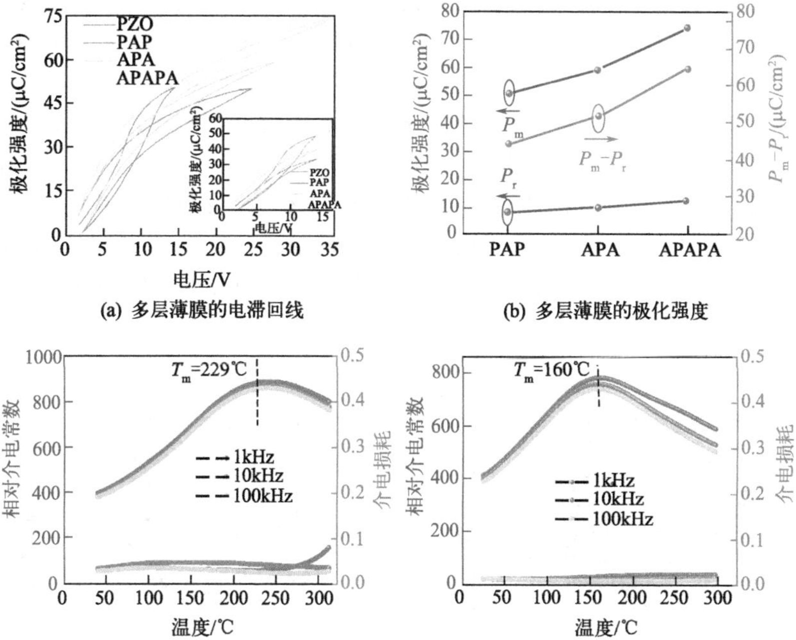

(a) 多层薄膜的电滞回线　　(b) 多层薄膜的极化强度

(c) PZO薄膜的介电性能　　(d) APAPA薄膜的介电性能

图 4-33　多层薄膜的铁电性能和介电性能

为了更好地分析引入 AO 绝缘层后 PZO 反铁电薄膜的相变行为，图 4-33(c) 和 (d) 给出了 PZO 和 APAPA 薄膜的介电温谱，测试频率分别为 1kHz、10kHz 和 100kHz。随着温度的升高，PZO 和 APAPA 薄膜的相对介电常数 ε_r 值逐渐增加，达到最大值后减小。介电峰值对应的温度为居里温度，即为反铁电-顺电相的相变温度。从图中可以看出，PZO 和 APAPA 薄膜的居里温度分别为 229℃和 160℃。据报道，在 $Pt/Ti/SiO_2/$

Si衬底上生长的PZO薄膜的 T_m 值约为230℃[111]，与本章中的柔性PZO薄膜非常接近。然而，APAPA多层薄膜的 T_m 值显著降低，表明AO绝缘层的引入能够使反铁电相更容易转变为立方相。众所周知，掺杂效应或衬底引起的应力会使反铁电相不稳定[141-143]。结合本章中多层薄膜的类铁电极化现象，AO绝缘层和PZO的费米能级差引起的自建电场可能是上述现象形成的机制。

为了验证APAPA多层薄膜的类铁电性质，采用压电力显微镜(PFM)在微观尺度上观察铁电薄膜的极化翻转，图4-34(a)和(b)给出了PFM的振幅和相位图像。选择30μm×30μm的区域，随后在尺寸为10μm×10μm的区域施加10V针尖电压对薄膜进行极化处理，然后在尺寸为20μm×20μm的区域施加−10V针尖电压。最后，通过10V交流信号扫描30μm×30μm的区域得到“回”形图案，相位和振幅图像都显示出明显的暗亮对比，对应于向下和向上的极化。PFM分析结果表明，APAPA多层薄膜的极化是可翻转的，证实了其不同于纯PZO薄膜的类铁电特性。

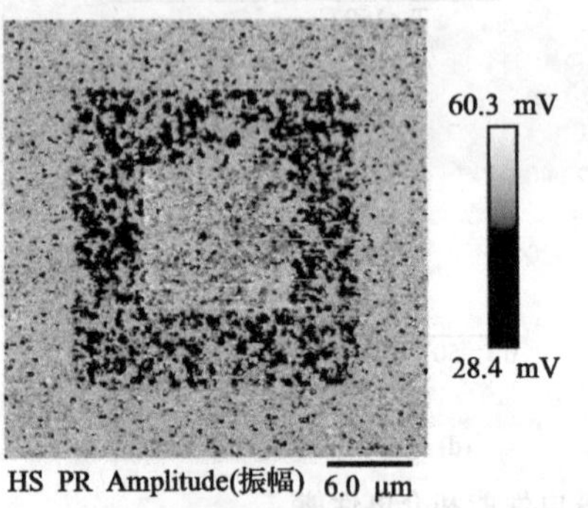

(a) 振幅图

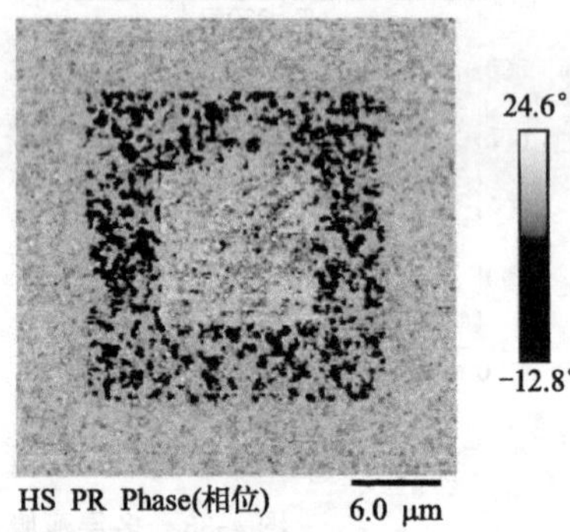

(b) 相位图

图4-34 APAPA薄膜的PFM图

为了揭示上面假设的自建电场的起源，预期电荷运动和能带排列的示意图如图4-35(a)和(b)所示，导带（E_c）和价带（E_v）之间的差定义为带隙宽度（E_g），真空能级（E_{vac}）和 E_c 之间的差定义为电子亲和能（EA_p），激发电子从 E_v 到 E_{vac} 所需的能量被定义为电离能（IP）[144]。

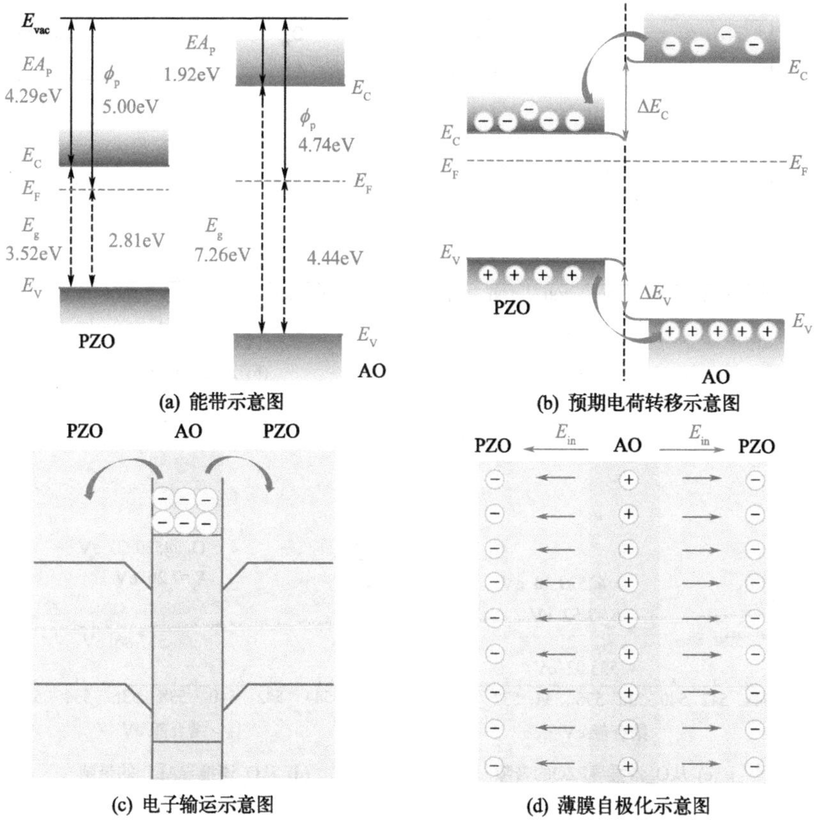

图 4-35　PZO 和 AO 的能带结构图

图 4-36(a)～(d) 给出了 PZO 和 AO 的 XPS 图谱，从 XPS 中 O_{1s} 光谱可以计算出 PZO 和 AO 的 E_g 值分别为 3.52eV 和 7.26eV，从图 4-36(e) 和 (f) 中的 UPS 图谱可以得到光电子最小结合能（E_{HOMO}）和二次电子截止能量（E_{SEE}）。基于 E_{HOMO} 和 E_{SEE} 可计算出 IP[145-147]：

$$IP = h\nu - (E_{SEE} - E_{HOMO}) \tag{4-4}$$

通过上式计算出的 IP 值、PZO 和 AO 的带隙宽度、金属 Pt 电极的功函数（$\phi_m = 5.65\text{eV}$），电子势垒（ϕ_e）和空穴势垒（ϕ_h）可以通过下式计算得到：

$$\phi_e = \phi_m - (IP - E_g) \tag{4-5}$$

$$\phi_h = E_g - \phi_e \tag{4-6}$$

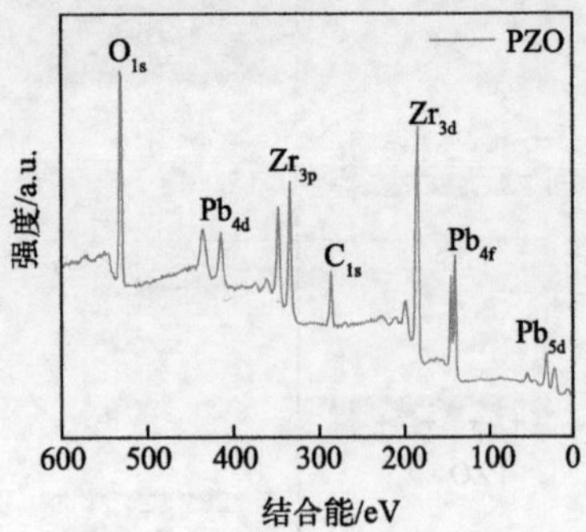

(a) PZO的XPS图谱

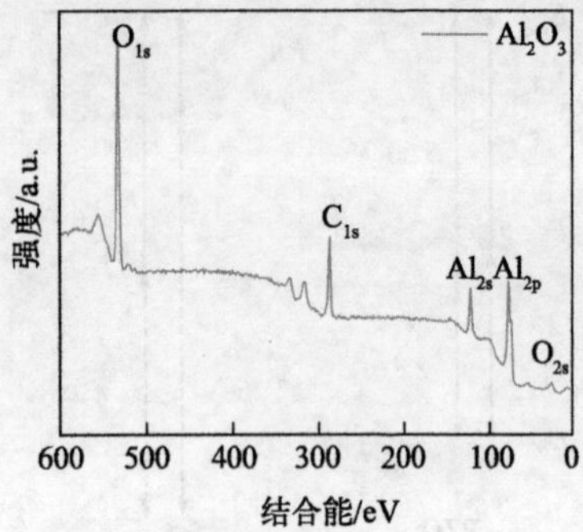

(b) Al_2O_3的XPS图谱

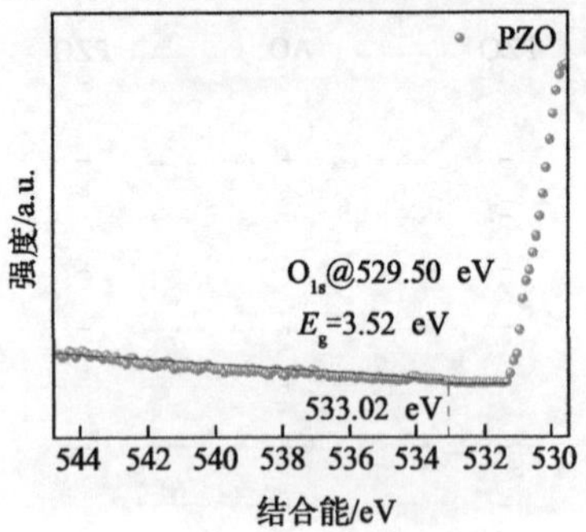

(c) 从O_{1s}谱推导PZO的带隙

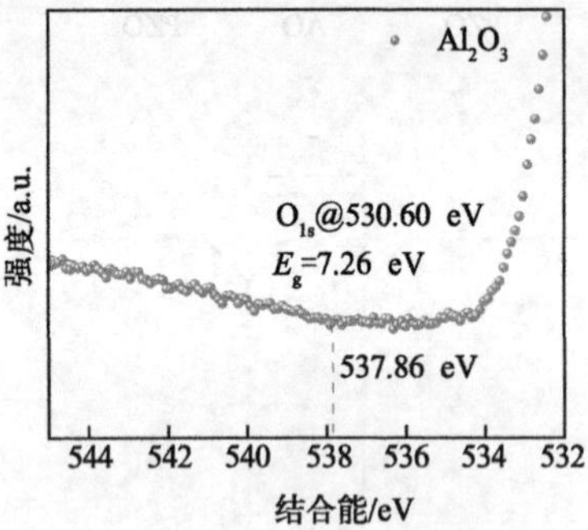

(d) 从O_{1s}谱推导Al_2O_3的带隙

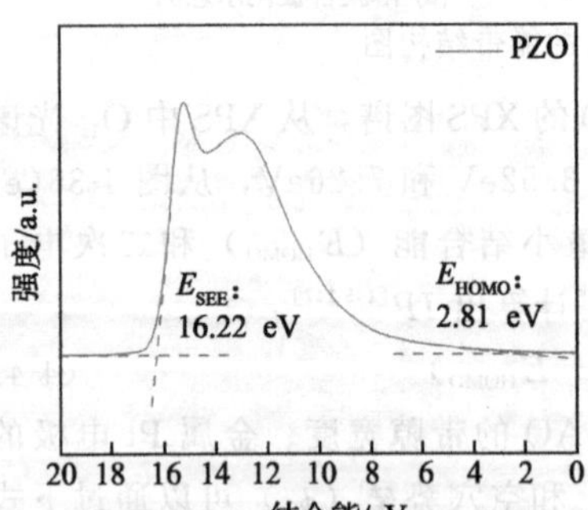

(e) PZO的UPS图谱

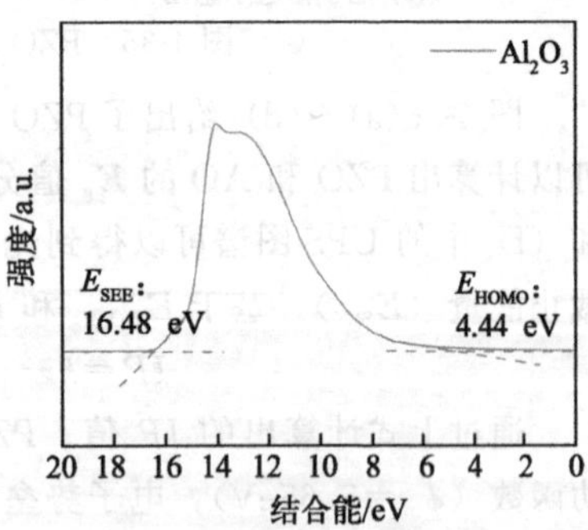

(f) Al_2O_3的UPS图谱

图 4-36　PZO 和 Al_2O_3 的 XPS 和 UPS 图谱

PZO 层和 AO 层的带隙能量结构差异很大，特别是当 AO 层和 PZO 层相互接触时，费米能级的差异会导致界面处产生自建电场。AO 层的费米能级高于 PZO 层，因此 AO 中的电子应该在界面区域迁移到 PZO 中，如图 4-35(c) 和 (d) 所示，在界面区域形成了一个直接从 AO 到 PZO 层的自建电场 E_{in}，这种自建电场可能导致 PZO 层从反铁电向铁电的相变，导致 APAPA 多层薄膜具有显著的类铁电特性和 T_m 值的降低。此外，较小的介电常数和较大的带隙宽度的 AO 薄膜有利于提高薄膜的耐压性。

由于 AO 的带隙宽度高于 PZO，在电子注入的 Pt 电极和 AO 层界面的 ϕ_e 为 3.73eV，远高于 Pt 电极和 PZO 层界面，如图 4-37 所示，说明表面 AO 可以提高势垒高度，抑制电荷注入，降低多层薄膜的漏电流。

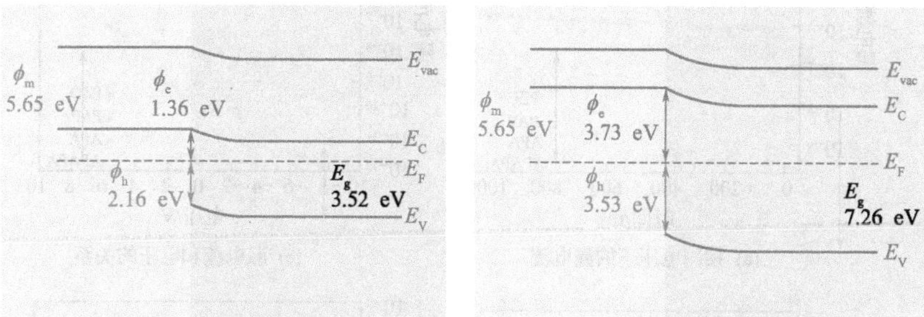

(a) PZO的能带结构图　　(b) Al_2O_3的能带结构图

图 4-37　PZO 和 AO 的能带结构图

图 4-38 给出了多层薄膜的漏电流。从图 4-38(a) 可知，PZO、PAP、APA 和 APAPA 薄膜的漏电流分别为 5.98×10^{-5}A、1.72×10^{-6}A、3.52×10^{-7}A 和 3.53×10^{-8}A，APAPA 薄膜的漏电流最低，这可能是由于电荷传输和注入的阻塞效应。为了进一步证明 AO 绝缘层对抑制载流子输运和改善多层薄膜绝缘性能的积极作用，对其击穿场强和漏电流进行了详细的研究。

图 4-38(b) 给出了 PZO、APA、PAP、APAPA 薄膜在 8V 外加电压下的漏电流特性，AO 的引入可以降低多层薄膜的漏电流，用肖特基发射来表征电荷注入的势垒高度。从图 4-38(c) 可以看出，APAPA 薄膜的势垒高度高于 PAP、PZO、APA，说明 AO 层不仅可以抑制电极的电荷注入，还可以阻碍薄膜内的电荷输运。此外，还利用阿伦尼乌斯方程计算了

在温度下激发的电荷[148]：

$$J=C\exp\left(\frac{-E_a}{kT}\right) \tag{4-7}$$

式中，E_a 是传导活化能；C 是一个常数；k 是玻尔兹曼常数。

E_a 值越大，说明热活化过程越困难，从而降低了漏电流。从图 4-38 (d) 中可以看出，APAPA 的多层薄膜比纯 PZO 薄膜具有更大的 E_a (0.28eV)，这意味着 APAPA 薄膜可能具有更好的绝缘性能。

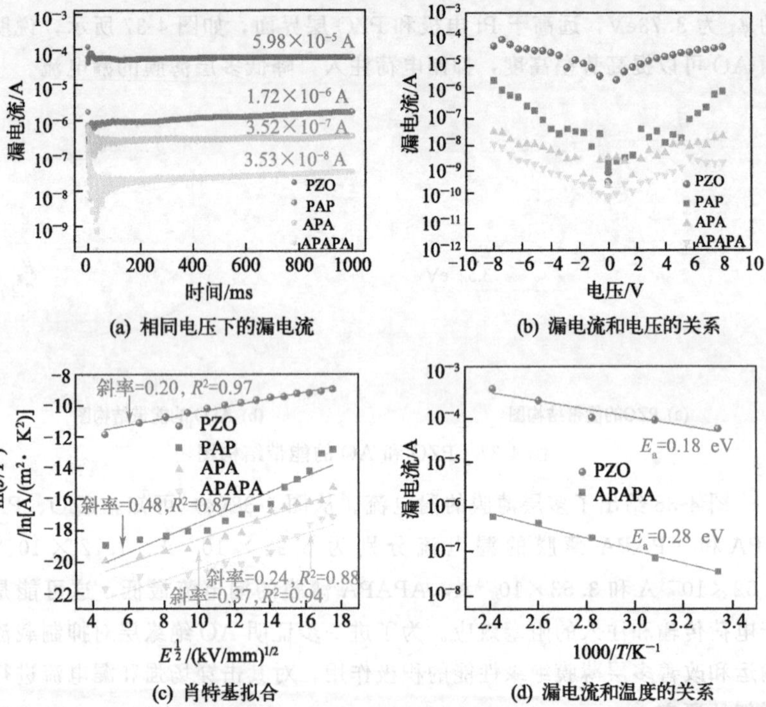

(a) 相同电压下的漏电流　(b) 漏电流和电压的关系　(c) 肖特基拟合　(d) 漏电流和温度的关系

图 4-38　多层薄膜的漏电流

击穿场强是分析绝缘性能时的一个重要指标，采用威布尔分布来评价薄膜的击穿强度，从图 4-39 中可以看出，APAPA 薄膜的 E_b 高达 1348.1kV/cm，是纯 PZO（590.5kV/cm）的 2.2 倍。AO 绝缘层的引入可以提高薄膜与电极界面的势垒高度，提高击穿场强。

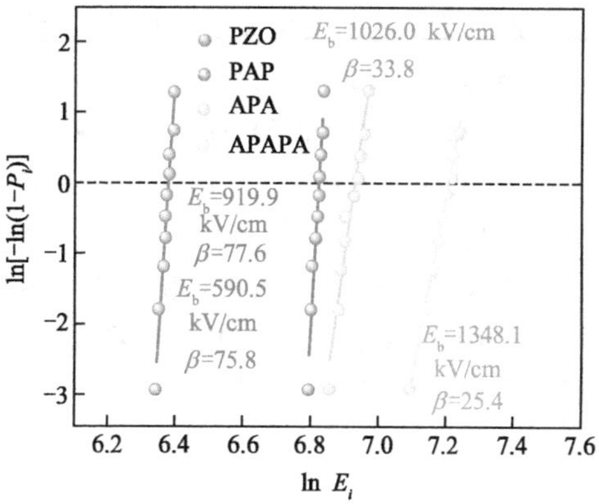

图 4-39 多层薄膜的击穿强度

4.3.3 $PbZrO_3/Al_2O_3$ 异质结构薄膜的储能性能

图 4-40 给出了多层薄膜的储能性能图。PZO、PAP、APA、APAPA 薄膜的储能密度分别为 9.0J/cm³、11.6J/cm³、14.7J/cm³、28.1J/cm³；储能效率分别为 67.5%、61.6%、76.5%、80.1%。APAPA 多层薄膜具有最大的储能密度，这是由于其具有优异的击穿场强和饱和极化强度，同时储能效率 η 值可以达到 80%。值得注意的是，与纯 PZO 薄膜相比，通过引入 AO 绝缘层，多层薄膜中的 W_{rec} 和 η 均得到大幅度改善。

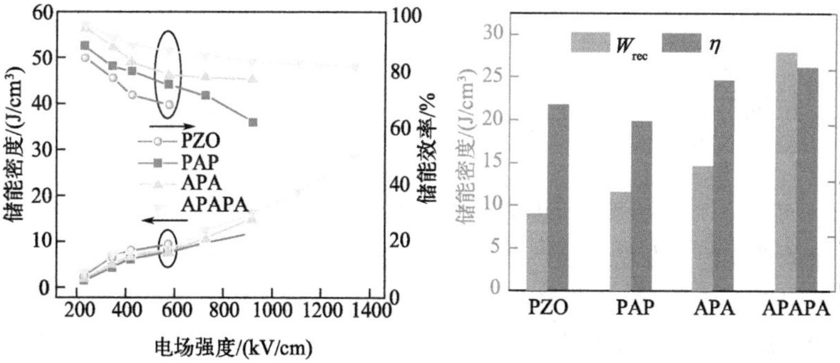

(a) 多层薄膜的储能密度和效率　(b) 多层薄膜储能性能对比

图 4-40 多层薄膜的储能性能图

储能性能的热稳定性是反映电容器稳定运行的一个重要因素，图 4-41 给出了多层薄膜极化强度随温度的变化关系，对于不同的无机薄膜，随着温度的升高，P_m 由于对称立方相含量的增加而减小；相反，P_r 随着温度的升高而增大。PZO、PAP、APA 和 APAPA 多层薄膜的 P_m-P_r 值分别从 49.5μC/cm² 下降到 29.4μC/cm²，43.7μC/cm² 下降到 30.2μC/cm²，40.1μC/cm² 下降到 26.8μC/cm²，以及 48.6μC/cm² 下降到 34.7μC/cm²。对应的储能密度和储能效率如图 4-42 所示，随着温度升高，薄膜的储能密度和储能效率均有所下降，这是由于在相同电场强度下，P_m-P_r 值随温度的升高而逐渐降低，导致 W_{rec} 值的减小。

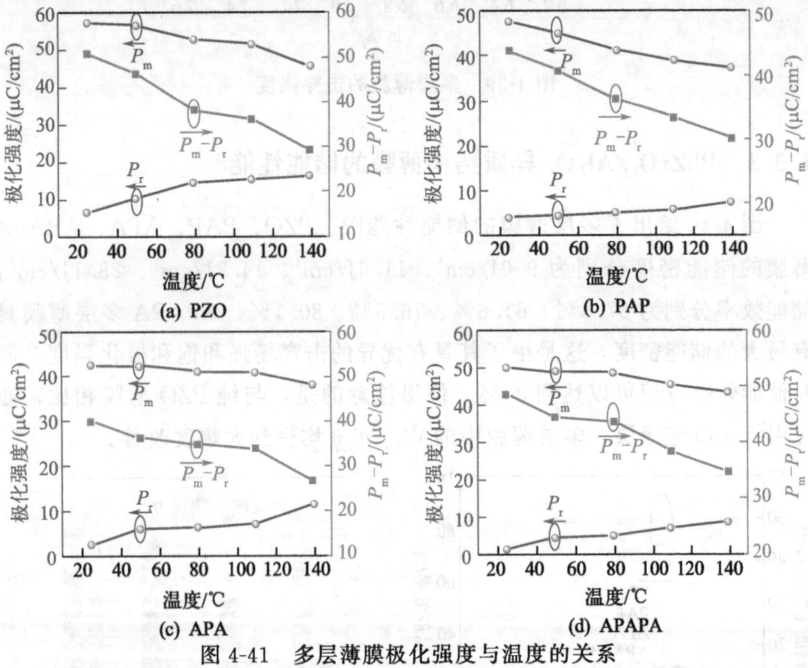

图 4-41 多层薄膜极化强度与温度的关系

储能性能的长期稳定性是电容器稳定运行的一个重要参数，薄膜长期工作稳定性指标是 10^7 次循环疲劳周期后的储能性能相对于单次疲劳下降的比例。测试的电场强度为恒定值 384.6kV/cm，如图 4-43 所示，APAPA 薄膜的 $(W_{rec10^0}-W_{rec10^7})/W_{rec10^0}$ 值和 $(\eta_{rec10^0}-\eta_{rec10^7})/\eta_{rec10^0}$ 值分别为 0.08 和 0.13，证明其具有良好的耐疲劳特性。

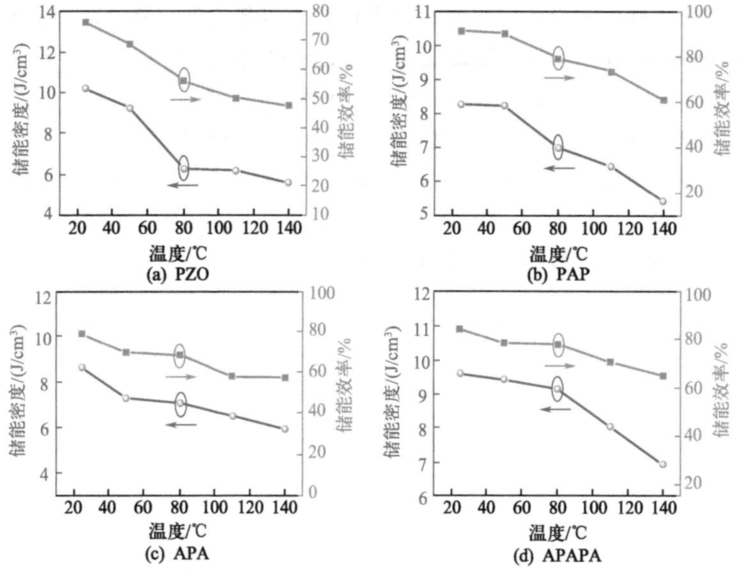

图 4-42　不同温度下多层薄膜的储能性能

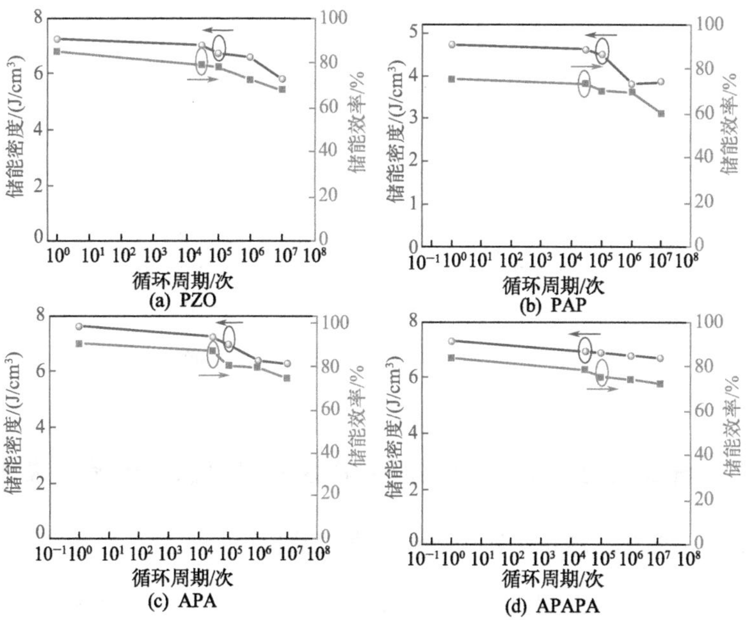

图 4-43　不同疲劳周期下多层薄膜的储能性能

对于柔性电子设备，弯曲性能测试是不容忽视的。将 Mica 的厚度剥离至 10μm 左右，弯曲半径设置为 4mm，衡量薄膜弯曲稳定性指标是薄膜 10^4 次弯曲试验后的储能性能相对于单次弯曲下降的比例。测试的电场强度为恒定值 576.9kV/cm，通过对电滞回线进行积分求解，计算出多层薄膜材料的储能密度和储能效率，如图 4-44 所示，其中，APAPA 薄膜的 $(W_{rec10^0}-W_{rec10^4})/W_{rec10^0}$ 值和 $(\eta_{rec10^0}-\eta_{rec10^4})/\eta_{rec10^0}$ 值分别为 0.12 和 0.09，证明薄膜材料具有良好的耐弯折特性。

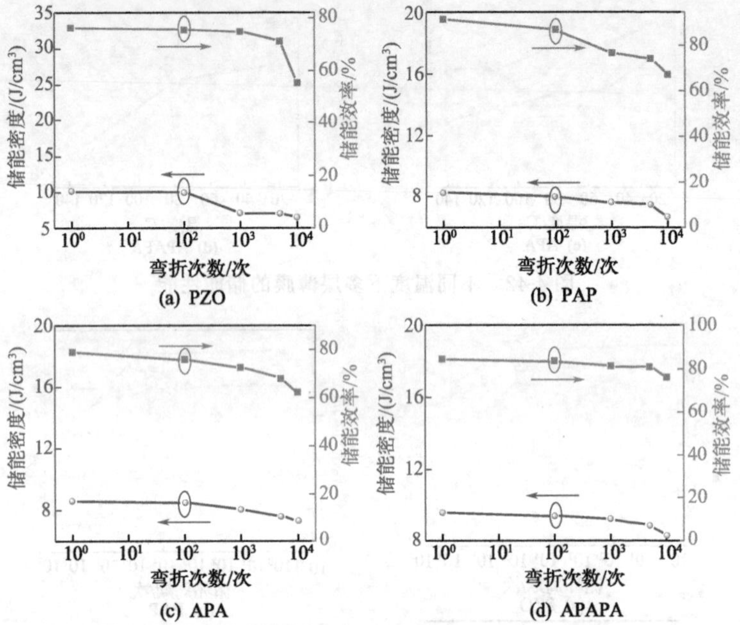

图 4-44　不同弯曲次数下多层薄膜的储能性能

4.4　界面势垒层改性柔性复合薄膜的耐电强度与储能性能

4.4.1　$PbZrO_3$/Mica 复合薄膜的微观结构

在前面的研究工作中，采用溶胶-凝胶法在 Pt/Mica 柔性衬底上制备了 PZO 基复合薄膜，通过界面层工艺、离子掺杂、异质结构薄膜构建等手段显著增强了薄膜的储能性能。但是上述柔性无机薄膜的耐电强度普遍较低（E_b<3000kV/cm），且在高温条件下（T>140℃）储能性能急剧下降。当前一些新兴的电子设备，如用于航空电子工业的传感器和用于混合动力汽车的功率逆变器等，需要电介质电容器在 150～200℃的温度下稳定工作，对电容器的工作电场也提出了更高的要求[149-151]。复合薄膜在高电场强度和高温条件下保持稳定的储能性能是学者们面临的主要问题，因此研制出在高温高场条件下具备优异耐电强度与储能性能的柔性复合薄膜具有重要的应用价值。

以高绝缘性能的 Mica 和反铁电 PZO 为研究对象。首先，在 Mica 表面生长 PZO 无机界面势垒层，抑制高温高场条件下电极处电荷的注入。其次，承接 PZO/AO 异质结构复合薄膜的优异性能，从构建异质结构界面势垒层入手，通过磁控溅射工艺在 Mica 两侧生长不同结构的界面势垒层，分析不同的微结构界面势垒层对复合薄膜储能性能的影响。

主要内容有：①表征界面势垒层的微观结构和化学成分信息，分析界面势垒层的引入对复合薄膜的影响。②研究不同微结构的 PZO/AO 界面势垒层对复合薄膜耐电强度与储能性能的提升机理，研制出高绝缘性能和优异温度稳定性的高储能柔性复合薄膜。

本节采用射频磁控溅射技术在 Mica 两侧分别生长一层 PZO 势垒层，溅射功率为 60W，溅射时间为 1h。制备 Mica 和 PZO/Mica/PZO（PMP）两种薄膜，将制备的三明治结构复合薄膜在 500℃的温度下进行快速退火处理，调控势垒层的结晶行为，研究 PZO 势垒层的引入对复合薄膜微观结构和介电性能的影响，并分析高温条件下 PZO 势垒层对储能性能的提升机制。

图 4-45 为 PMP 复合薄膜的 XRD 图谱，可以清晰地观测到 Mica 的（003）、（004）、（005）和（006）衍射峰，没有观测到 PZO 衍射峰，这是由于在 500℃的退火温度下 PZO 薄膜没有完全结晶，其结晶性能与 Mica 相差较大，因此观察不到特征峰。

图 4-46 为 PMP 复合薄膜的 AFM 图，从图中可以看出 Mica 和 PMP 复合薄膜的表面粗糙度分别为 0.24nm 和 17.1nm。Mica 薄膜具有光滑的表面，生长 PZO 势垒层后，薄膜的结构比较致密，表面粗糙度有所上升。

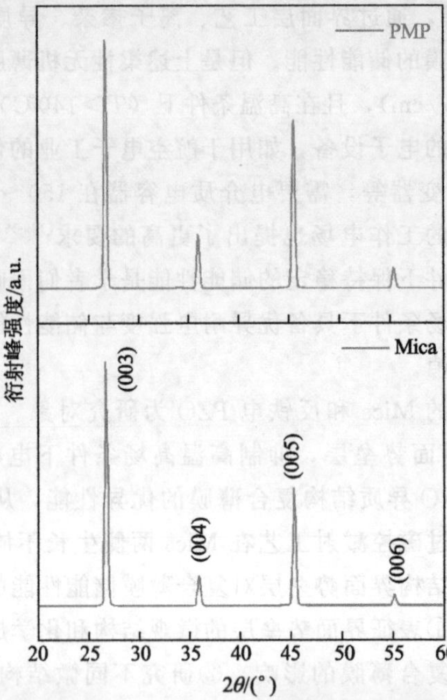

图 4-45 PMP 复合薄膜的 XRD 图谱

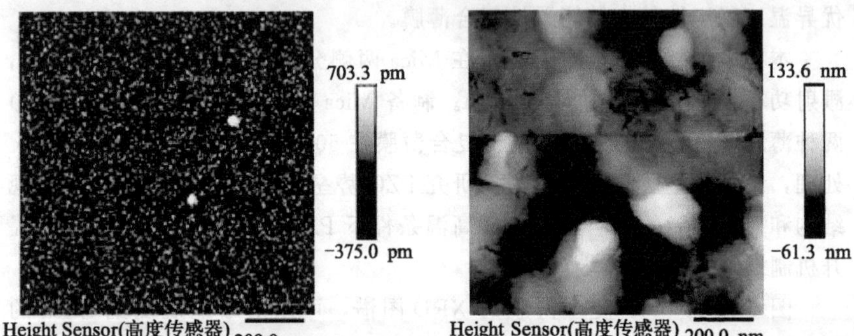

(a) Mica (b) PMP

图 4-46 PMP 复合薄膜的 AFM 图

图 4-47 为 PMP 复合薄膜的 SEM 断面图，薄膜断面结构完整，厚度为 15～20μm，由于 Mica 是层状材料，在液氮环境下脆断过程中厚度可能会发生细微变化。由于势垒层太薄，很难从薄膜表面观测到一层明显的 PZO 层。

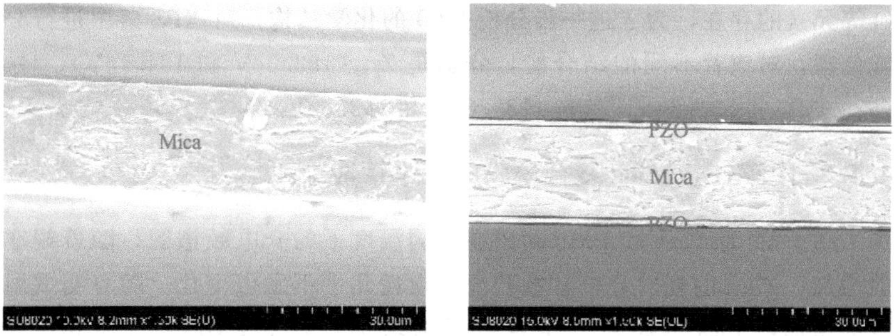

(a) Mica　　(b) PMP

图 4-47　PMP 复合薄膜的 SEM 断面图

为了测试薄膜界面势垒层的化学成分，通过 XPS 测试来表征 PZO 势垒层，如图 4-48(a)～(d) 所示。从 XPS 全谱中可以清晰地看出 Pb、Zr、

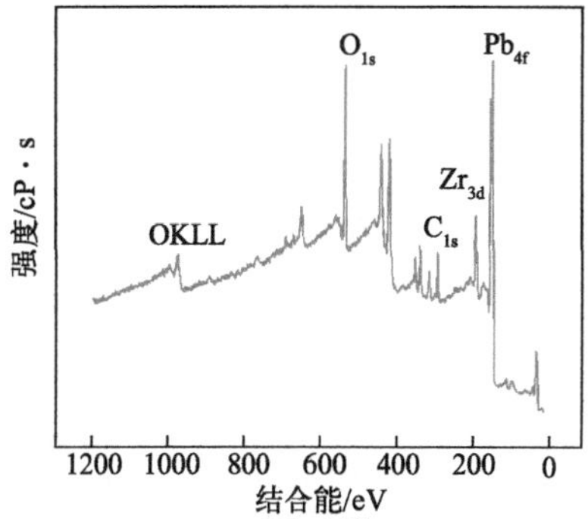

(a) 全谱

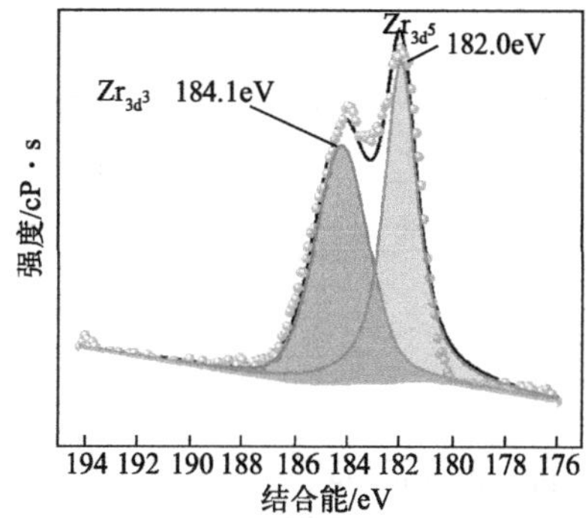

(b) Zr_{3d}

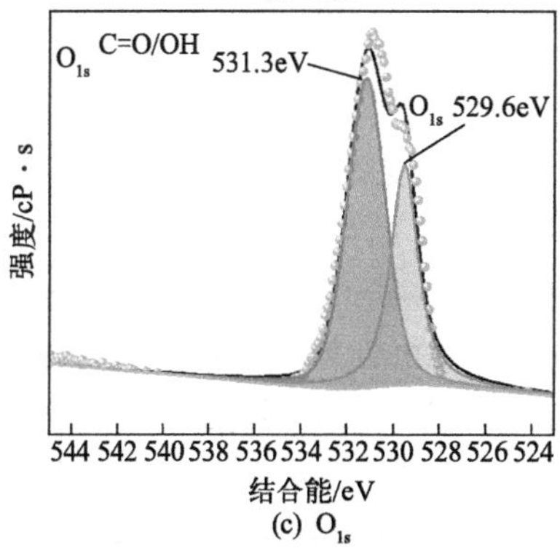

(c) O_{1s}

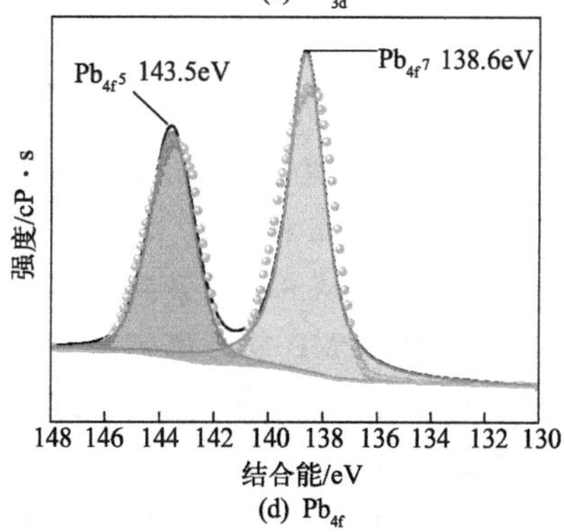

(d) Pb_{4f}

图 4-48　PZO 薄膜的 XPS 图

O 等元素的存在，为了进一步分析 PZO 的化学结构，对 XPS 谱图进行分峰处理，对应着不同的结合能，分别是 Zr_{3d}（182.0eV 和 184.1eV）、O_{1s}（529.6eV 和 531.3eV）、Pb_{4f}（138.6eV 和 143.5eV）。

4.4.2 $PbZrO_3$/Mica 复合薄膜的电学性能

图 4-49 为 Mica 和 PMP 薄膜在不同温度下的介电频谱图，随着频率的增加，Mica 的相对介电常数和介电损耗几乎不发生变化。随着测试温度的增加，Mica 的相对介电常数逐渐增加。对于 PMP 复合薄膜，在 25～150℃的温度区间内，介电性能的变化趋势与 Mica 薄膜接近，在 200℃下薄膜的介电性能变化趋势较大，这可能是由于在 PZO 居里温度附近会发生反铁电-顺电相的相变过程，其介电性能会产生一定的变化[151]。

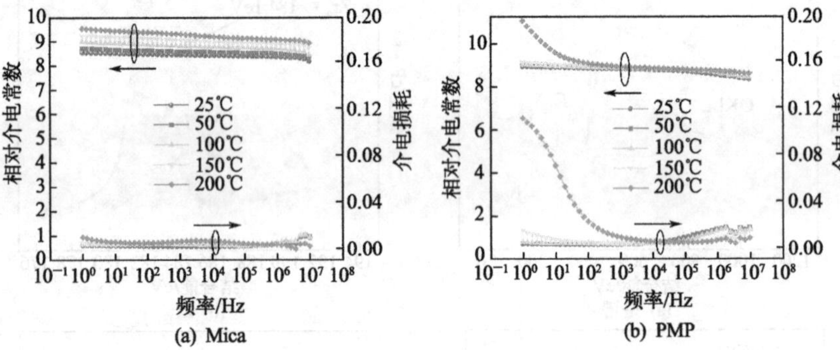

图 4-49　PMP 复合薄膜的介电性能

图 4-50 为复合薄膜介电性能随温度的变化关系图，温度为 25～150℃的区间内，Mica 和 PMP 薄膜的介电损耗的变化趋势几乎相同，Mica 的相对介电常数从 8.5 上升到 9.3，而 PMP 的相对介电常数从 8.8 上升到 8.9，显然，PMP 复合薄膜具有更为稳定的介电性能。在低温条件下，PMP 薄膜的介电性能略高于纯 Mica 薄膜，一方面 PZO 薄膜的相对介电常数高于 Mica，PZO 层的引入可以提高复合薄膜的相对介电常数；另一方面 Mica 和 PZO 二者之间界面区也会一定程度上提高薄膜材料的介电性能。

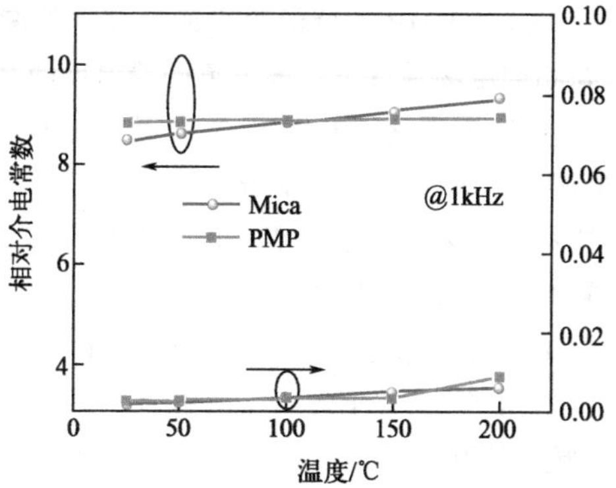

图 4-50　介电性能随温度的变化关系

图 4-51 为 PMP 复合薄膜的漏电流，由于薄膜材料通常应用到高温的极端环境下，因此研究高温条件下薄膜材料的漏电流至关重要。图 4-51

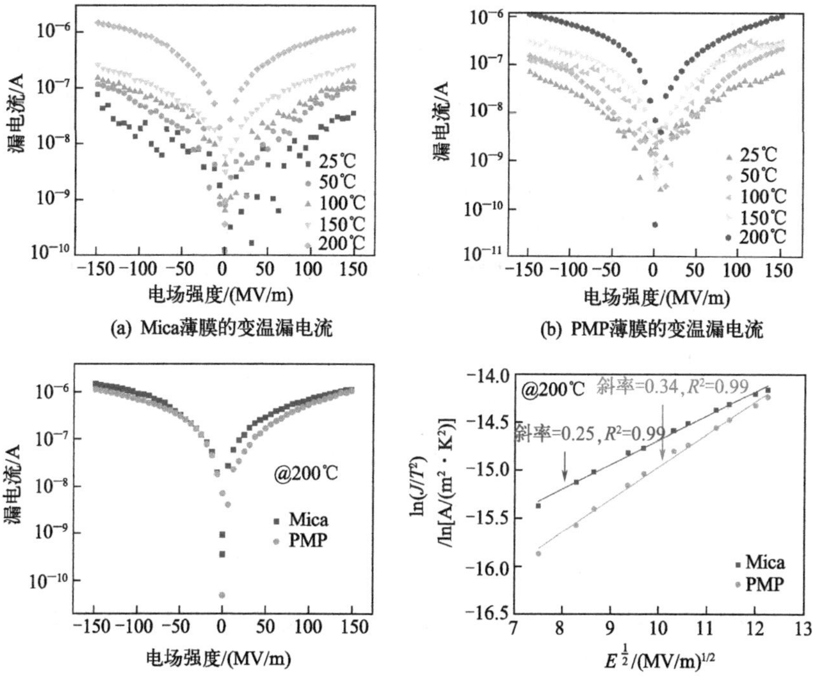

(a) Mica薄膜的变温漏电流　(b) PMP薄膜的变温漏电流

(c) 200℃下复合薄膜的漏电流　(d) 肖特基拟合

图 4-51　PMP 复合薄膜的漏电流

(a) 和 (b) 给出了 Mica 和 PMP 复合薄膜不同温度下的漏电流随电场强度的变化关系图，在相同电场强度下，漏电流随着温度的升高而增加，这是由于温度可以促进载流子在薄膜内部以及薄膜和电极界面处的传导，200℃下薄膜的漏电流高出 25℃两个数量级。

如图 4-51(c) 所示，在 200℃的高温、电场强度为 150MV/m 的条件下，Mica 和 PMP 薄膜的漏电流分别为 9.5×10^{-7}A 和 1.1×10^{-6}A，PMP 漏电流较低的原因是 PZO 作为势垒层阻挡电极处电荷的注入，提高了注入势垒。图 4-51(d) 给出了 200℃下复合薄膜的肖特基拟合曲线，从图中可以看出，PMP 薄膜具有相对较低的截距，进一步证明了其具有较高的注入势垒高度。在高温条件下，PZO 势垒层能够更好地抑制电极处电荷的注入。

图 4-52(a) 和 (b) 分别为 PMP 复合薄膜室温和 200℃下的击穿性能图，无论是在室温还是 200℃下，PMP 薄膜的击穿场强均高于 Mica，一方面，PZO 界面势垒层可以阻碍电极处电荷的注入，降低薄膜的漏电流；另一方面，根据电介质串联模型，PZO 势垒层的加入能够均化电场，优化薄膜材料的击穿性能。这是由于势垒层 PZO 的相对介电常数高于 Mica，施加在 PZO 势垒层上的电场将低于外场，随着温度的升高，薄膜材料的击穿性能呈下降的趋势，与漏电流变化趋势一致，引入 PZO 势垒层后，薄膜的形状因子 β 值大幅度上升，证明了其击穿性能的稳定性。

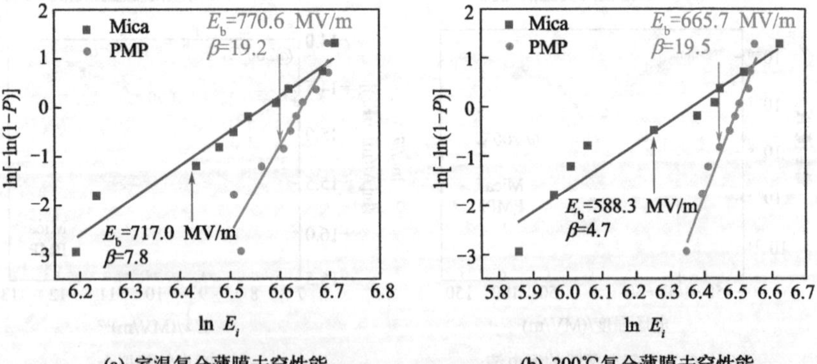

(a) 室温复合薄膜击穿性能　　(b) 200℃复合薄膜击穿性能

图 4-52　PMP 复合薄膜的击穿性能

4.4.3 $PbZrO_3$/Mica复合薄膜的储能性能

为了获得薄膜的储能性能，图4-53给出了复合薄膜的*P-E*曲线，从图4-53(a)和(b)中可以看出Mica的*P-E*曲线比较纤细，具有较低的剩余极化强度值，200℃下Mica的剩余极化强度值有所上升，同时随着温度升高，薄膜的耐压强度下降。

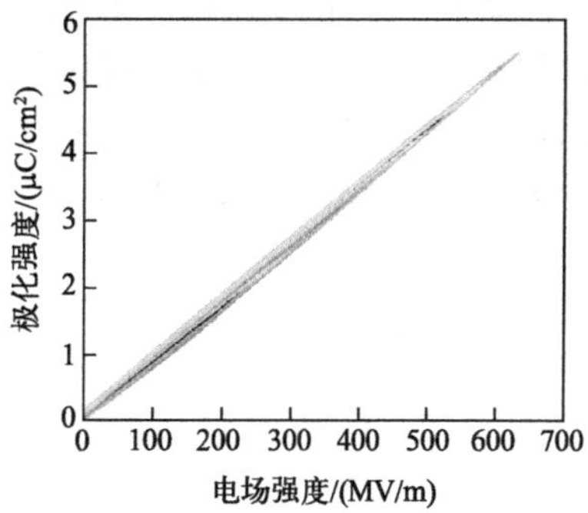

(a) 室温下Mica的*P-E*曲线

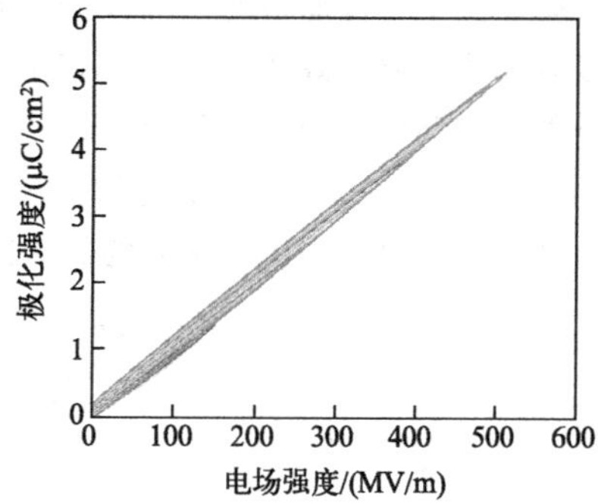

(b) 200℃下Mica的*P-E*曲线

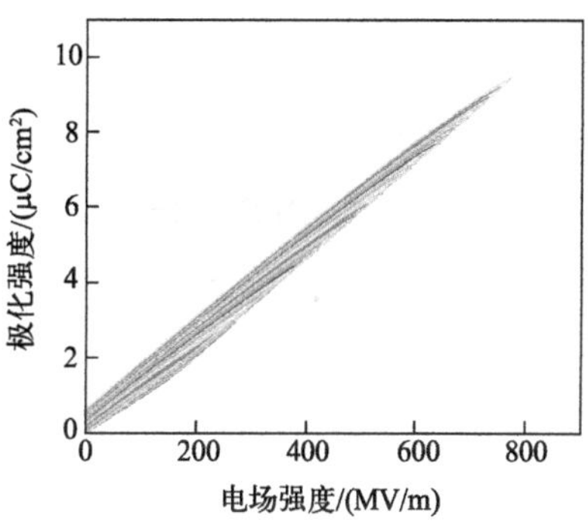

(c) 室温下PMP的*P-E*曲线

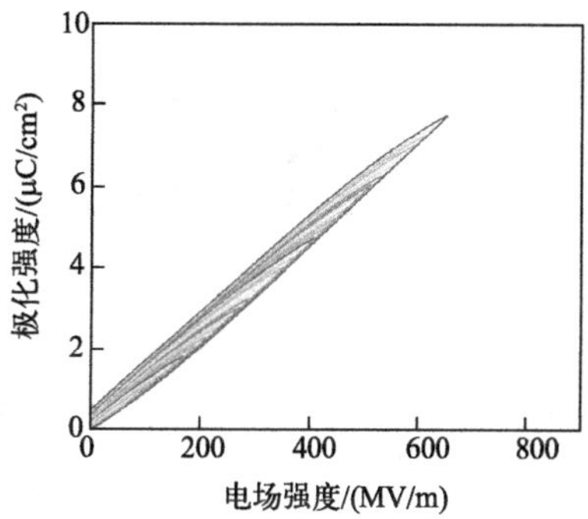

(d) 200℃下PMP的*P-E*曲线

图4-53 PMP复合薄膜的*P-E*曲线

图4-53(c)和(d)中PMP的*P-E*曲线变化趋势与Mica相似，PMP在室温和200℃下的耐压性能均高于Mica，随着PZO势垒层的引入，PMP的饱和极化强度和剩余极化强度值也有所上升，这是由势垒层PZO自身的极化属性决定的。通过对图4-53中的*P-E*曲线进行积分求解出

Mica 和 PMP 的储能性能，如图 4-54 所示，在相同电场强度下，PMP 薄膜的储能密度要高于 Mica 薄膜，这是由于 PZO 势垒层引入后，复合薄膜的极化强度提高。但在外加电场作用下，PZO 势垒层在场致相变过程中，导致较多的能量损耗，其储能效率会出现先下降后上升的趋势，如图 4-54 (a) 和图 4-54(c) 所示。

当测试温度升高到 200℃时，复合薄膜的储能密度和储能效率均有所下降，其中，储能密度下降较为明显，但储能效率下降趋势较低，PMP 复合薄膜的储能效率可达 80%以上，PMP 薄膜中 PZO 势垒层在高温条件下能够抑制电极处载流子的注入，通过前文中肖特基发射模型对漏电行为的分析可知，PZO 势垒层能够提高复合薄膜的绝缘性能，因此，PMP 复合薄膜能够呈现出更为优异的储能性能。

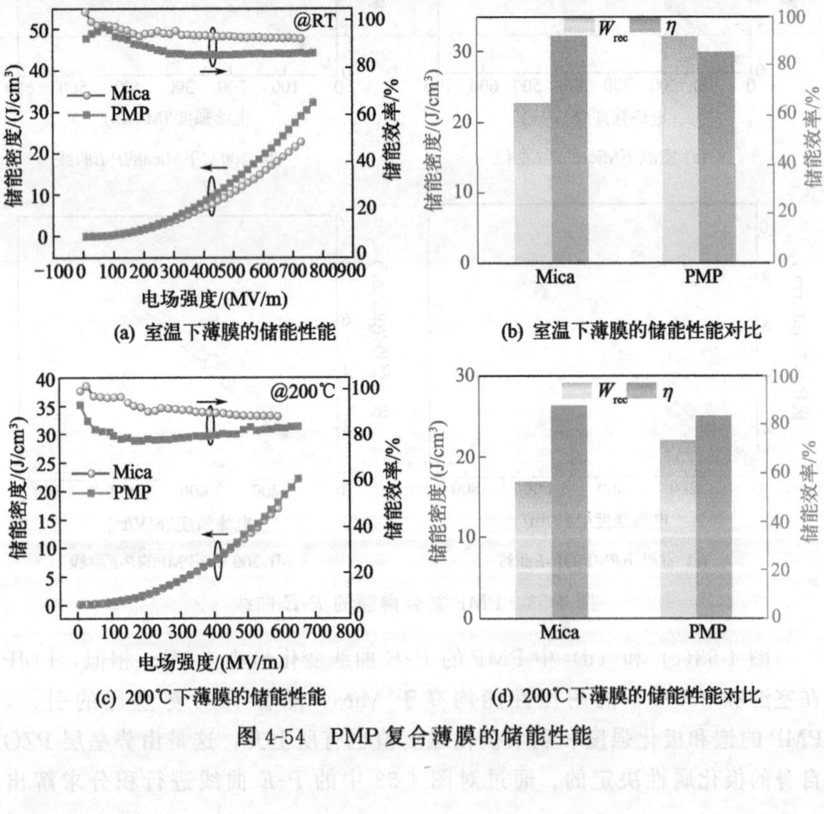

(a) 室温下薄膜的储能性能　(b) 室温下薄膜的储能性能对比

(c) 200℃下薄膜的储能性能　(d) 200℃下薄膜的储能性能对比

图 4-54　PMP 复合薄膜的储能性能

在实际应用过程中，要保证薄膜电容器长期工作的稳定性，图4-55给出了在200MV/m的电场强度和200℃的温度下PMP复合薄膜的充放电循环性能图。在电场和温度场共同作用下，测试在50000次充放电过程中薄膜电容器储能性能变化。从图中可以看出，薄膜电容器的储能密度和储能效率几乎不发生变化，证明了薄膜电容器可以长期稳定运行。

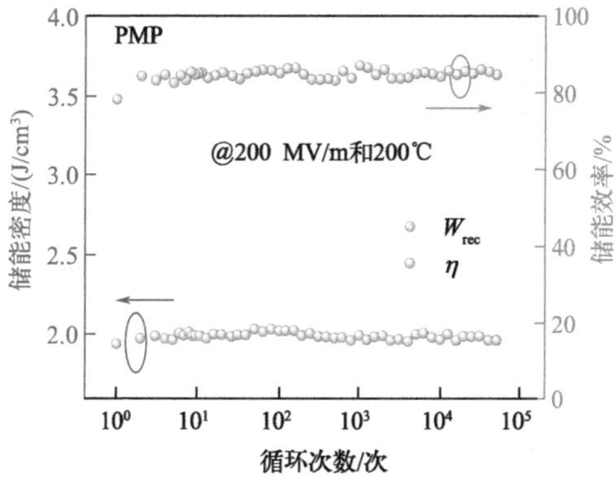

图4-55　PMP复合薄膜的充放电循环性能

4.4.4　$PbZrO_3/Al_2O_3$/Mica复合薄膜的微观结构

基于4.2节中构筑PZO/AO/PZO异质结构的设计思想，本节中利用PZO和AO界面处自建电场对电极处电荷注入的抑制作用，在Mica两侧分别制备了PZO/AO和PZO/AO/PZO异质结构界面势垒层，每层PZO和AO的磁控溅射时间均为1h，溅射功率均为60W，复合薄膜的退火温度为500℃，退火时间为180s，制备PZO/AO/Mica/AO/PZO（PAMAP）和PZO/AO/PZO/Mica/PZO/AO/PZO（PAPMPAP）复合薄膜，通过微观结构表征和电学性能测试，研究异质结构界面势垒层引入对复合薄膜微观结构和漏电行为的影响，并分析薄膜储能性能提升机制。

图4-56给出了PAMAP和PAPMPAP复合薄膜的XRD图谱，测试结果与前文类似，从图中只能够观测到Mica的特征峰，没有检测到PZO和AO的特征峰，二者的结晶行为将在后文具体描述。

图4-57为PAMAP和PAPMPAP复合薄膜的SEM断面图谱，从图中可以看出复合薄膜的厚度为10～15μm，断面结构无明显的缺陷。从图4-

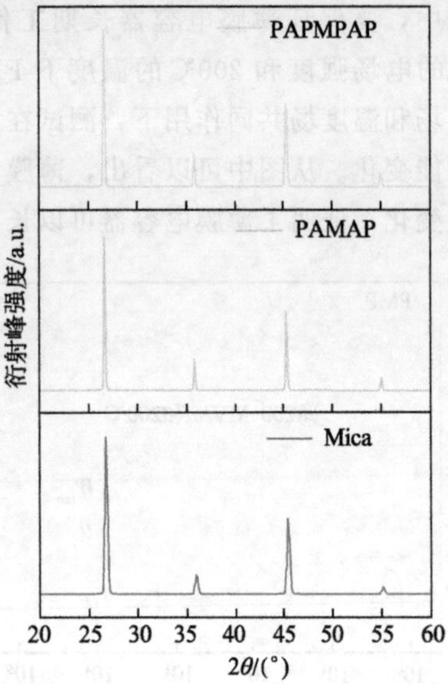

图 4-56　PAMAP 和 PAPMPAP 复合薄膜的 XRD 图谱

57(a) 和 (b) 中可以看出，薄膜表面存在一层磁控溅射生长的薄层，后续将深入分析界面势垒层的结构信息。

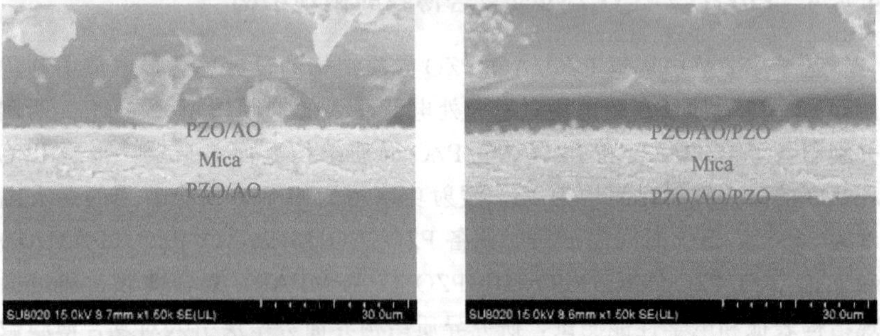

(a) PAMAP　　(b) PAPMPAP

图 4-57　PAMAP 和 PAPMPAP 复合薄膜的 SEM 断面图谱

为了进一步分析 PAMAP 和 PAPMPAP 复合薄膜表面薄层的化学成分，图 4-58(a) 和 (b) 给出了两种薄膜材料的 XPS 图谱，从 XPS 图谱中可以检测到 Pb 元素、Zr 元素、O 元素，C 元素。由于 AO 膜层较薄，在 XPS 图谱中特征峰强度较低。Pb 元素含量要明显高于 Zr 元素，这是由于陶瓷靶材在制备过程中加入过量的铅元素，补偿溅射以及退火过程中铅元素的挥发。

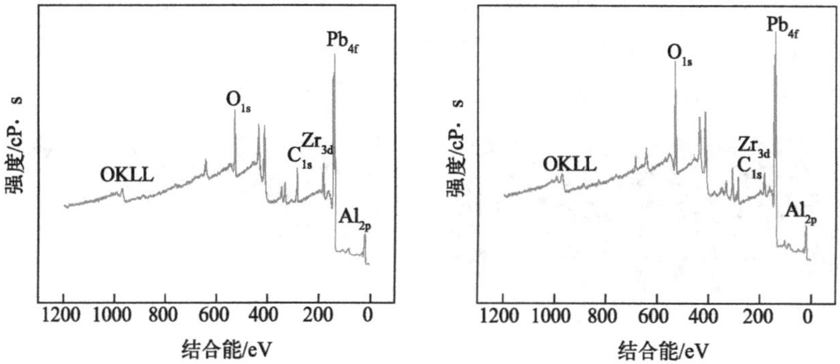

(a) PAMAP薄膜　　(b) PAPMPAP薄膜

图 4-58　PAMAP 和 PAPMPAP 复合薄膜的 XPS 图

为了表征 PAMAP 和 PAPMPAP 复合薄膜表面形貌，图 4-59(a) 和 (b) 给出了复合薄膜的 AFM 图，PAMAP 和 PAPMPAP 复合薄膜的表面粗糙度分别为 20.8nm 和 25.8nm。随着界面势垒层层数的增加，复合薄膜的表面粗糙度有所上升。PAPMPAP 复合薄膜的晶粒尺寸要大于 PAMAP，说明在退火过程中 PAPMPAP 结晶更加充分。

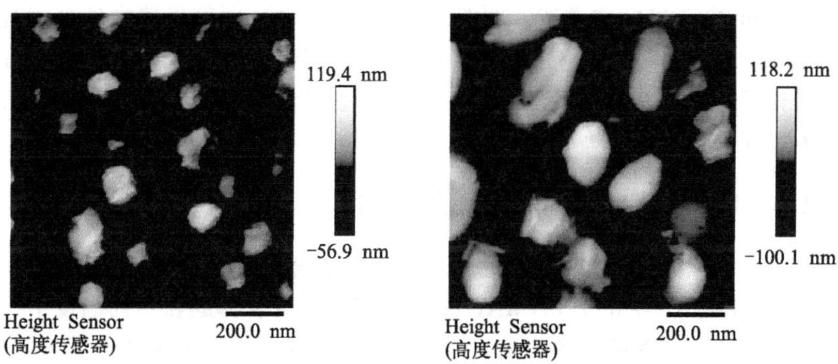

(a) PAMAP　　(b) PAPMPAP

图 4-59　PAMAP 和 PAPMPAP 复合薄膜的 AFM 图

图 4-60 为 PAPMPAP 复合薄膜的 TEM 图，从图 4-60(a) 中可以清晰地看见 PAP 异质结构界面势垒层，中间白色薄层为 AO 层，两层为生

长的 PZO 层。一层 PZO 的厚度约为 40nm，中间 AO 的厚度约为 5nm。图中 PZO 层和 AO 层两者的界面处结合紧密，断面没有明显的结构缺陷。图 4-60(b) 为高分辨 TEM 图，从图中可以看出，AO 膜层中没有晶格条纹，说明在退火温度下 AO 是非晶结构；在两侧的 PZO 膜层中可以观察到 PZO 薄膜的晶格条纹，说明在退火温度下 PZO 膜层中存在结晶相。

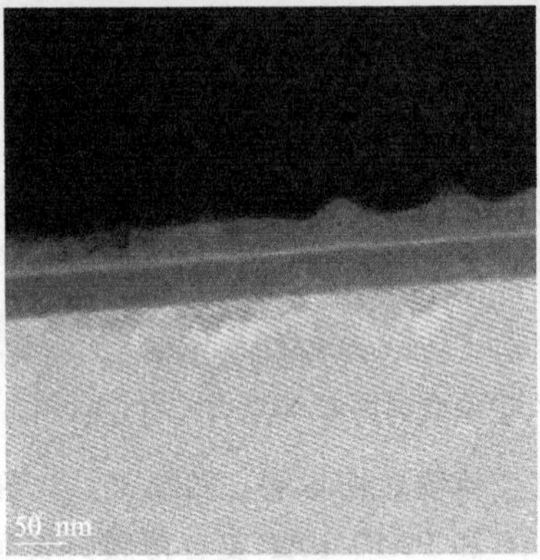

(a) TEM断面图

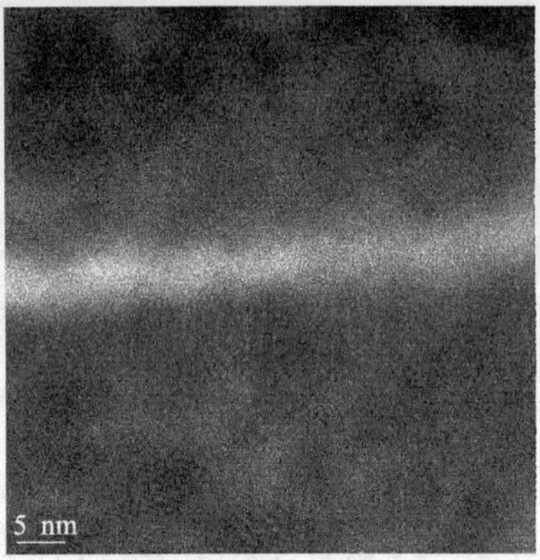

(b) 高分辨TEM图

图 4-60　PAPMPAP 复合薄膜的 TEM 图

图 4-61(a)～(d) 分别为 PAPMPAP 复合薄膜的 Pb 元素、Zr 元素、O 元素和 Al 元素的能谱图。在图 4-61(a) 和 (b) 中可以清晰地观测到 Pb 元素和 Zr 元素均匀地分散在两侧，而 AO 层均匀地分布在中间层，证明了异质结构界面势垒层没有发生界面扩散现象，成分均一。图 4-61 直观地表征出异质结构势垒层的结构，说明界面层制备成功。

4.4.5　$PbZrO_3/Al_2O_3$/Mica 复合薄膜的电学性能

为了研究异质结构界面势垒层的引入对复合薄膜介电性能的影响，图 4-62(a) 和 (b) 给出了 PAMAP 和 PAPMPAP 复合薄膜在不同温度下的介电频谱图。随着频率的提高，PAMAP 薄膜的相对介电常数有所下降，这是由于松弛极化逐渐跟不上外电场的变化，而 PAPMPAP 复合薄膜的相对介电常数几乎不随频率的变化而发生改变，证明了 PAPMPAP 复合薄膜良好的介电性能稳定性。随着频率的增加，PAMAP 和 PAPMPAP 复合薄膜的介电损耗降低，在高频区偶极子转向极化几乎来不及建立，介电

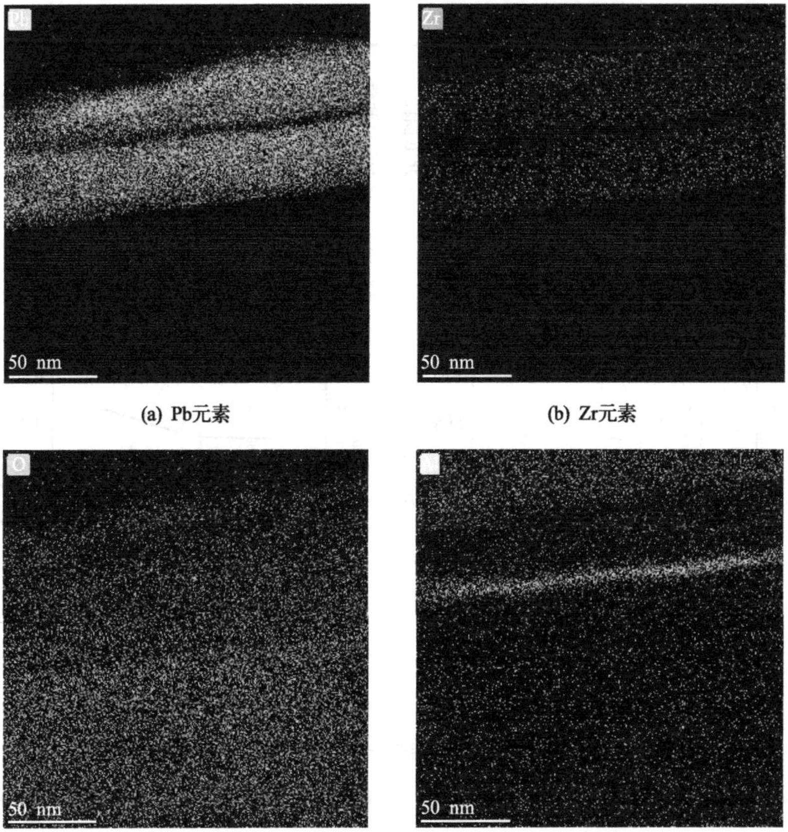

(a) Pb元素　(b) Zr元素

(c) O元素　(d) Al元素

图 4-61　PAPMPAP 复合薄膜的能谱图

损耗随着频率的升高而降低[152]。

图 4-62(c) 为复合薄膜的相对介电常数和介电损耗随着温度变化的曲线，复合薄膜的相对介电常数随着温度的升高而增大，在低温时，电荷热运动很弱，松弛极化来不及建立，随着温度升高，电荷热运动增加，松弛极化得以建立，薄膜的相对介电常数逐渐增大。随着温度的升高，偶极子的转向速度跟不上外电场的变化，介电损耗也随之增大。如图 4-62(d) 所示，在 1kHz 的测试频率和 200℃ 的测试温度下，Mica、PAMAP 和 PAPMPAP 复合薄膜的相对介电常数分别为 9.3、9.4 和 10.2，介电损耗

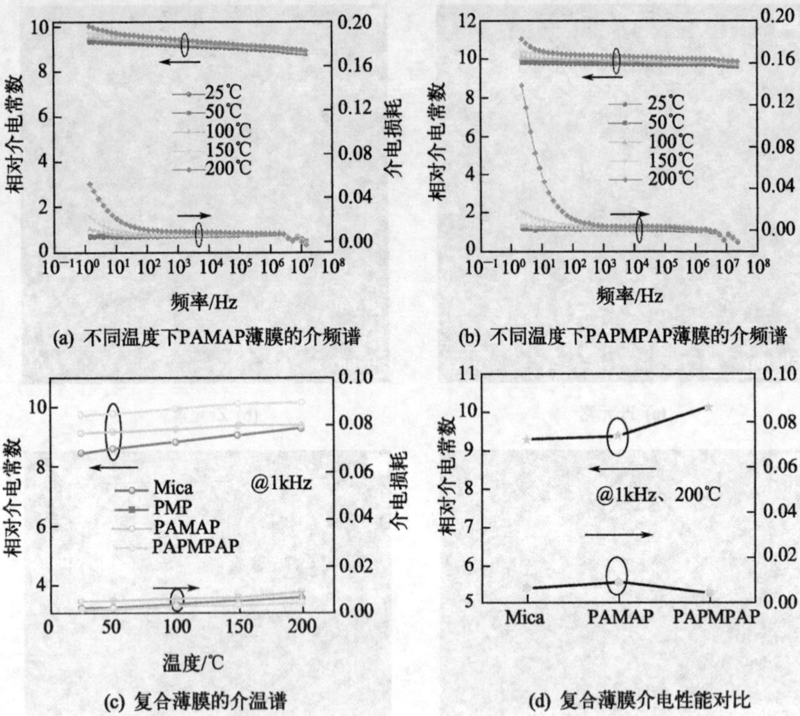

(a) 不同温度下PAMAP薄膜的介频谱

(b) 不同温度下PAPMPAP薄膜的介频谱

(c) 复合薄膜的介温谱

(d) 复合薄膜介电性能对比

图 4-62　PAMAP 和 PAPMPAP 复合薄膜的介电性能

分别为 0.007、0.009 和 0.004。对比可知，PAPMPAP 复合薄膜具有最大的相对介电常数和最小的介电损耗，归因于 PAP 结构的界面势垒层可以有效降低电导产生的介电损耗。

为了表征复合薄膜的漏电特性，图 4-63(a) 和 (b) 给出了 PAMAP 和 PAPMPAP 复合薄膜在不同温度下的漏电流图。从图中可以看出，随着温度的升高，复合薄膜的漏电流逐渐增加，温度的升高加速了载流子在电极/电介质界面以及电介质内部的传输速度。如图 4-63(c) 所示，在 150MV/m 的电场和 200℃的温度场共同作用下，Mica 薄膜的漏电流为 1.1×10^{-6}A，PAMAP 复合薄膜的漏电流为 5.2×10^{-7}A，PAPMPAP 复合薄膜的漏电流为 3.2×10^{-7}A，由此可知，界面势垒层的构建可以有效地抑制电极处电荷的注入，PAPMPAP 复合薄膜的抑制作用更为显著，这是由于在 PAP 结构的界面势垒层中，AO 作为中间层与两侧的 PZO 界面处形成两个相反方向的自建电场，在外加电场下，两个相反方向的自建电场总有一个能够阻碍载流子的输运[153]，自建电场的形成机制以及对载流子输运的抑制机理已在前文中进行具体阐述。PZO/AO 界面上产生的去极化电场可以有效地降低载流子的迁移率，从而在较宽的温度范围内使薄膜的漏电行为得到显著改善。

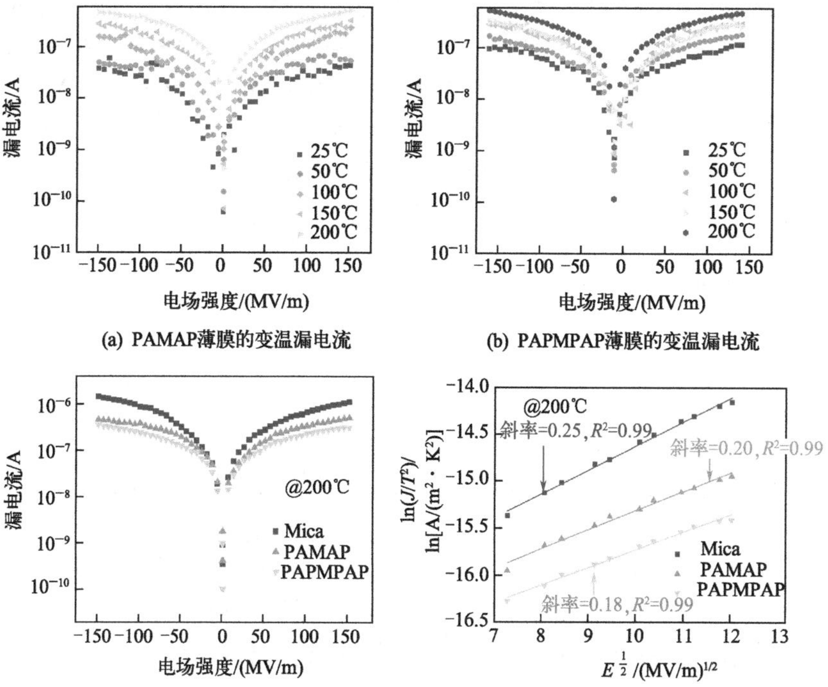

(a) PAMAP薄膜的变温漏电流　(b) PAPMPAP薄膜的变温漏电流

(c) 200℃下复合薄膜的漏电流　(d) 肖特基拟合曲线

图 4-63　PAMAP 和 PAPMPAP 复合薄膜的漏电流

在外加电场作用下，金属电极会由肖特基效应分别向薄膜发射电子或者空穴，电荷会聚集在金属电极和薄膜之间的界面上。图 4-63(d) 给出了 200℃下复合薄膜的肖特基拟合曲线，从图中可以看出，相比于 Mica 和 PAMAP 复合薄膜，根据肖特基发射模型的变形公式可以看出，拟合线的斜率和截距分别由电介质的相对介电常数和势垒高度决定，即相对介电常数越高，斜率越低，注入势垒越高，截距越低。从图中可知，

PAPMPAM、PAMAP 和 Mica 拟合线的斜率分别为 0.18、0.20 和 0.25，说明 PAPMPAM 复合薄膜的相对介电常数最高，与介频谱中测试结果相统一，PAPMPAP 复合薄膜具有最低的截距，证明了其具有较高的注入势垒。

为了进一步研究复合薄膜的绝缘性能，图 4-64 给出了 PAMAP 和 PAPMPAP 复合薄膜的击穿性能图，室温条件下，Mica、PAMAP 和 PAPMPAP 复合薄膜的击穿场强分别为 717.0MV/m、806.4MV/m 和 813.8MV/m，形状因子分别为 7.8、13.7 和 14.4；200℃的高温条件下，Mica、PAMAP 和 PAPMPAP 复合薄膜的击穿场强分别为 588.3MV/m、697.6MV/m 和 712.1MV/m，形状因子分别为 4.7、16.6 和 15.1。通过界面势垒层的构建，复合薄膜的击穿性能大幅度上升。

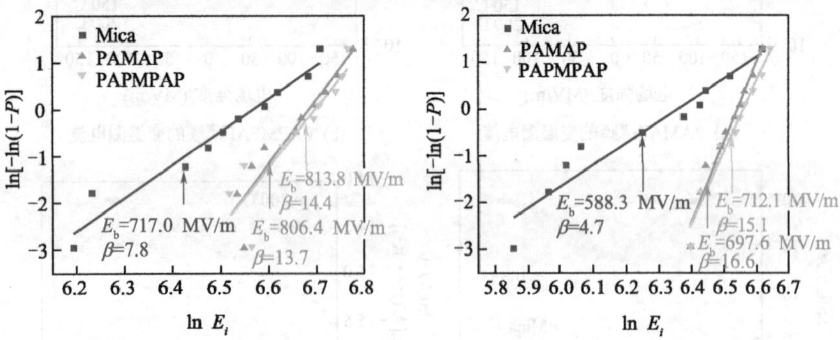

(a) 室温复合薄膜击穿性能　　(b) 200℃复合薄膜击穿性能

图 4-64　PAMAP 和 PAPMPAP 复合薄膜的击穿性能图

一方面，AO 膜层中的电子载流子会迁移到 PZO 膜层中，使 PZO 膜层实现自极化，AO 膜层绝缘强度提升，PZO 和 AO 的界面处可以束缚传导电荷；另一方面，通过前文中肖特基模型拟合可以发现，相比于 PA 异质结构势垒层，PAP 异质结构势垒层具有更高注入势垒，更好地限制了电极处载流子的注入。此外，PAP 势垒层具有更高的相对介电常数，在外电场作用下分得更小的电场强度。

4.4.6　$PbZrO_3/Al_2O_3$/Mica 复合薄膜的储能性能

图 4-65 为在室温和 200℃下 PAMAP 和 PAPMPAP 复合薄膜的储能

性能，在室温条件下，Mica、PAMAP 和 PAPMPAP 复合薄膜的储能密度分别为 22.8J/cm^3、35.2J/cm^3 和 40.1J/cm^3，储能效率分别为 92.3%、85.4%和 88.0%。在室温条件下，引入 PAP 异质结构界面势垒层后，复合薄膜的储能密度提升了 176%。

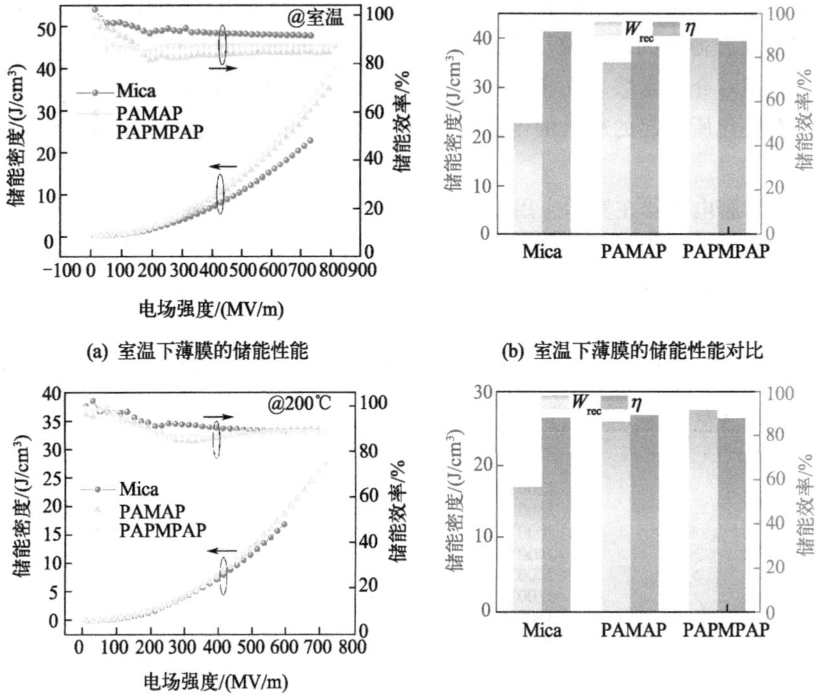

(a) 室温下薄膜的储能性能　(b) 室温下薄膜的储能性能对比

(c) 200℃下薄膜的储能性能　(d) 200℃下薄膜的储能性能对比

图 4-65　PAMAP 和 PAPMPAP 复合薄膜的储能性能

在 200℃下，Mica、PAMAP 和 PAPMPAP 复合薄膜的储能密度分别为 17.0J/cm^3、26.0J/cm^3 和 27.5J/cm^3，储能效率分别为 88.1%、89.1%和 87.8%。在 200℃下，引入 PAP 异质结构界面势垒层后，复合薄膜的储能密度提升了 162%。随着温度升高，Mica、PAMAP 和 PAPMPAP 复合薄膜的储能性能均呈现下降的趋势，但在 200℃下，复合薄膜仍能够保持优异的储能性能，能够在一定程度上解决薄膜电容器在高温等恶劣环境下储能性能差的难题。从图 4-65(a) 中可以看出，

PAMAP 和 PAPMPAP 复合薄膜的储能效率有所下降，本节中设计的异质结构界面势垒层虽然能够阻止电极处电荷的注入，抑制传导损耗，但反铁电 PZO 层自身储能效率较低，在一定程度上劣化了复合薄膜的储能效率，且储能效率呈现先减小后上升的趋势，这是由势垒层 PZO 材料在外加电场下会发生场致相变现象所导致的。在相同电场强度下，PAPMPAP 复合薄膜的储能密度要高于 PAMAP 和 Mica，这是由于 PZO 和 AO 层的相对介电常数均高于 Mica，另外，由于 AO/PZO 界面上累积电荷的界面极化所引起的较大的电偶极矩，可能是极化性能增强的另一个关键因素。

薄膜电容器在实际应用过程中，要考虑其真实的充放电性能。图 4-66 为 PAPMPAP 复合薄膜的放电性能图，测试过程中选取 10kΩ 的负载电阻，测量放电电压随时间的变化曲线，如图 4-66(a) 所示。对图 4-66(a) 中的放电电压曲线进行积分求解，得到不同电场强度下的放电能量密度，如图 4-66(b) 所示。在 200MV/m 的电场强度下，PAPMPAP 复合薄膜的功率密度为 2.5MW/cm^3。

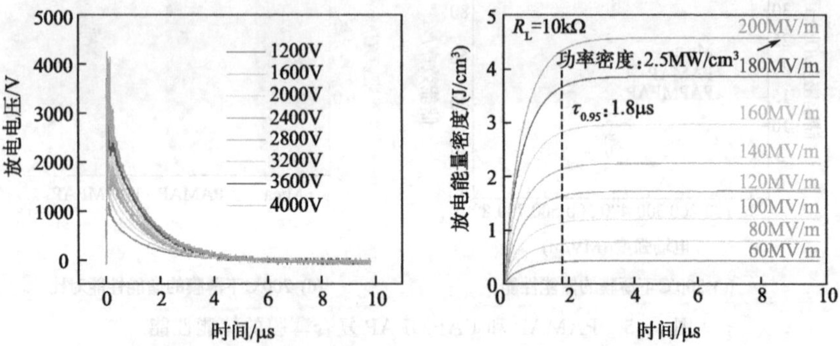

(a) 放电电压随时间变化曲线　　(b) 放电能量密度曲线

图 4-66　PAPMPAP 复合薄膜的放电性能图

为了评测薄膜电容器的使役性能，图 4-67 为 PAPMPAP 复合薄膜的充放电循环性能图。

在 200MV/m 的电场和 200℃ 的温度场下，PAPMPAP 复合薄膜在 50000 次充放电循环周期下储能密度和储能效率几乎不变，证明了 PAPMPAP 复合薄膜具有良好的耐久性。

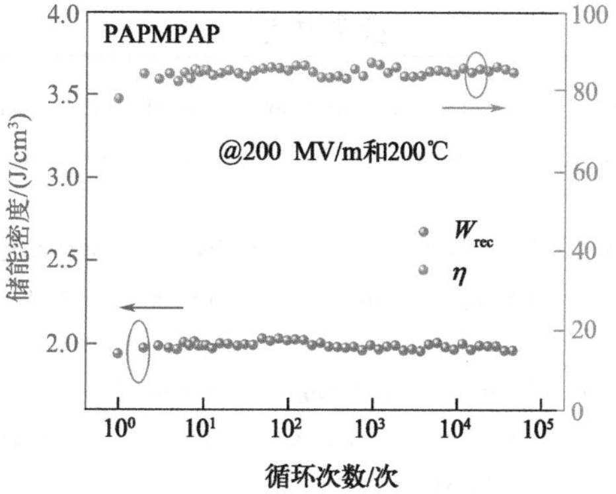

图 4-67　PAPMPAP 复合薄膜的充放电循环性能图

参考文献

[1] Wang G, Lu Z L, Li Y, et al. Electroceramics for High-Energy Density Capacitors: Current Status and Future Perspectives [J]. Chemical Reviews, 2021, 121 (10): 6124-6172.

[2] Luo N N, Han K, Cabral M J, et al. Constructing Phase Boundary in $AgNbO_3$ Antiferroelectrics: Pathway Simultaneously Achieving High Energy Density and Efficiency [J]. Nature Communications, 2020 (11): 4824.

[3] Liu X J, Zheng M S, Chen G, et al. High-temperature Polyimide Dielectric Materials for Energy Storage: Design, Preparation and Properties [J]. Energy & Environment Science, 2022, 15 (1): 56-81.

[4] Yang N J, Yu S Y, Zhang W J, et al. Electrochemical Capacitors with Confined Redox Electrolytes and Porous Electrodes [J]. Advanced Materials, 2022, 34 (34): 2202380.

[5] Hao X H, Zhai J W, Kong B L, et al. A Comprehensive Review on the Progress of Lead Zirconate-Based Antiferroelectric Materials [J]. Progress in Materials Science, 2014, 63: 1-57.

[6] Sazali N, Salleh W, Jamaludin A, et al. New Perspectives on Fuel Cell Technology: A Brief Review [J]. Membranes-Basel, 2020, 10 (99): 1-18.

[7] Ko D, Hsin T, Lai Y, et al. High-Stability Transparent Flexible Energy Storage Based on $PbZrO_3$/muscovite Heterostructure [J]. Nano Energy, 2021, 87: 106149.

[8] Sun Z X, Wang Z, Tian Y, et al. Progress, Outlook, and Challenges in Lead-Free Energy-Storage Ferroelectrics [J]. Advanced Electronic Materials, 2019, 6: 1900698.

[9] Thatikonda S K, Huang W H, Du X R, et al. Sm-Doping Enduced Large Enhancement of Antiferroelectric and Energy Storage Performances of (111) Oriented $PbZrO_3$ Thin Films [J]. Ceramics International, 2019, 45 (17): 23586-23591.

[10] Wang J J, Su Y J, Wang B, et al. Strain Engineering of Dischargeable Energy Density of Ferroelectric Thin-Film Capacitors [J]. Nano Energy, 2020, 72: 104665.

[11] Wang Z P, Zhang L X, Kang R R, et al. $(Bi_{0.5}Na_{0.5})TiO_3$-Based Relaxor Ferroelectrics with Enhanced Energy-Storage Density and Efficiency under Low/moderate Fields via Average Ionic Polarizability Design [J]. Chemical Engineering Journal, 2021, 431 (4): 133716.

[12] Ahn C W, Amarsanaa G, Won S S, et al. Antiferroelectric Thin-Film Capacitors with High Energy-Storage Densities, Low Energy Losses, and Fast Discharge Times [J]. ACS Applied Materials & Interfaces, 2015, 7 (48): 26381-26386.

[13] 叶茂. 掺杂 $PbZrO_3$ 基薄膜相变行为及储能性能与电热效应 [D]. 哈尔滨：哈尔滨工业大

学，2013：1-2.

[14] Lee H J，Won S S，Cho K H，et al. Flexible High Energy Density Capacitors Using La-Doped $PbZrO_3$ Anti-Ferroelectric Thin films [J]. Applied Physics Letters，2018，112 (9)：092901.

[15] Fang Y，Bai Y，Li Y Z，et al. Improved Energy Storage Performance of $PbZrO_3$ Antiferroelectric Thin Films Crystallized by Microwave Radiation [J]. RSC Advances，2021，11：18387-18394.

[16] Li Y Z，Wang Z J，Bai Y，et al. High Energy Storage Performance in Ca-Doped $PbZrO_3$ Antiferroelectric Films [J]. Journal of The European Ceramic Society，2020，40 (4)：1285-1292.

[17] Hao X H，Zhai J W，Zhou J，et al. Structure and Electrical Properties of $PbZrO_3$ Antiferroelectric Thin Films Doped with Barium and Strontium [J]. Journal of Alloys and Compounds，2011，509 (2)：271-275.

[18] Hao X H，Zhai J W，Yao X，et al. Improved Energy Storage Performance and Fatigue Endurance of Sr-Doped $PbZrO_3$ Antiferroelectric Thin Films [J]. Journal of the American Ceramic Society，2009，92 (5)：1133-1135.

[19] Parui J，Krupanidhi S B. Enhancement of Charge and Energy Storage in Sol-gel Derived Pure and La-Modified $PbZrO_3$ Thin Films [J]. Applied Physics Letters，2008，92 (19)：192901.

[20] Ye M，Li T，Sun Q，et al. A Giant Negative Electrocaloric Effect in Eu-Doped $PbZrO_3$ Thin Films [J]. Journal of Materials Chemistry C，2016，4：3375-3378.

[21] Zhang T D，Zhao Y，Li W L，et al. High Energy Storage Density at Low Electric Field of ABO_3 Antiferroelectric Films with Ionic Pair Doping [J]. Energy Storage Materials，2019，18：238-245.

[22] Zhang J，Zhang Y Y，Chen Q Q，et al. Enhancement of Energy-Storage Density in PZT/PZO-Based Multilayer Ferroelectric Thin Films [J]. Nanomaterials，2021，11：2141.

[23] Guo X，Ge J，Ponchel F，et al. Effect of Sn Substitution on the Energy Storage Properties of High (001)-Oriented $PbZrO_3$ Thin Films [J]. Thin Solid Films，2017，632：93-96.

[24] Ye M，Sun Q，Chen X Q，et al. Effect of Nb Doping on Preferential Orientation，Phase Transformation Behavior and Electrical Properties of $PbZrO_3$ Thin Films [J]. Journal of Alloys and Compounds，2012，541：99-103.

[25] Zou D，Liu S Y，Zhao Y，et al. Flexible and Translucent PZT Films Enhanced by the Compositionally Graded Heterostructure for Human Body Monitoring [J]. Nano Energy，2021，85：105984.

[26] Dang Z M, Yuan J K, Yao S H, et al. Flexible Nanodielectric Materials with High Permittivity for Power Energy Storage [J]. Advanced Materials, 2013, 25 (44): 6334-6365.

[27] Yin C, Zhang T D, Zhang B W, et al. High Energy Storage Performance for Flexible $PbZrO_3$ Thin Films by Seed Layer Engineering [J]. Ceramics International, 2022, 48 (16): 23840-23848.

[28] Gao W X, Zhu Y, Wang Y J, et al. A Review of Flexible Perovskite Oxide Ferroelectric Films and Their Application [J]. Journal of Materiomics, 2020, 6 (1): 1-16.

[29] Yao F Z, Yuan Q B, Wang Q, et al. Multiscale Structural Engineering of Dielectric Ceramics for Energy Storage Applications: From Bulk to Thin Film [J]. Nanoscale, 2020, 12 (33): 17165-17184.

[30] Gao D, Tan Z W, Fan Z, et al. All-Inorganic Flexible $Ba_{0.67}Sr_{0.33}TiO_3$ Thin Films with Excellent Dielectric Properties Over a Wide Range of Frequencies [J]. ACS Applied Materials & Interfaces, 2019, 11 (30): 27088-27097.

[31] Chauhan A, Patel S, Vaish R, et al. Anti-Ferroelectric Ceramics for High Energy Density Capacitors [J]. Materials, 2015, 8: 8009-8031.

[32] Palneedi H, Peddigari M, Hwang G T, et al. High-Performance Dielectric Ceramic Films for Energy Storage Capacitors: Progress and Outlook [J]. Advanced Functional Materials, 2018, 28 (42): 1803665.

[33] Fan Z J, Li L L, Mei X S, et al. Multilayer Ceramic Film Capacitors for High Performance Energy Storage: Progress and Outlook [J]. Journal of Materials Chemistry A, 2021, 9: 9462-9480.

[34] Zhang H B, Wei T, Zhang Q, et al. Review on the Development of Lead-free Ferroelectric Energy-Storage Ceramics and Multilayer Capacitors [J]. Journal of Materials Chemistry C, 2020, 8: 16648-16667.

[35] Zhang G Q, Li Q, Allahyarov E, et al. Challenges and Opportunities of Polymer Nanodielectrics for Capacitive Energy Storage [J]. ACS Applied Materials & Interfaces, 2021, 13: 37939-37960.

[36] Feng Q K, Zhong S L, Pei J Y, et al. Recent Progress and Future Prospects on All-Organic Polymer Dielectrics for Energy Storage Capacitors [J]. Chenical Reviews, 2022, 122 (3): 3820-3878.

[37] Qi H, Xie A W, Zuo R Z. Local Structure Engineered Lead-Free Ferroic Dielectrics for Superior Energy-Storage Capacitors: A Review [J]. Energy Storage Materials, 2021, 45: 541-567.

[38] Li D X, Zeng X J, Li Z P, et al. Progress and Perspectives in Dielectric Energy Storage Ceramics [J]. Journal of Advanced Ceramics, 2021, 10 (4): 675-703.

[39] Huang S K, Liu K, Zhang W, et al. All-Organic Polymer Dielectric Materials for Advanced Dielectric Capacitors: Theory, Property, Modified Design and Future Prospects [J] . Polymer Reviews, 2022, 73: 6453-6478.

[40] Deka B, Cho K H. $BiFeO_3$-Based Relaxor Ferroelectrics for Energy Storage: Progress and Prospects [J] . Materials, 2021, 14: 7188.

[41] Fan Q L, Ma C S, Ma C R, et al. Manipulating Leakage Behavior via Thickness in Epitaxial $BaZr_{0.35}Ti_{0.65}O_3$ Thin Film Capacitors [J] . Applied Physical Letters, 2020, 116: 192902.

[42] Yang B B, Zhang Y, Pan H, et al. High-Entropy Enhanced Capacitive Energy Storage [J] . Nature Materials, 2022, 21: 1074-1080.

[43] Li Z, Zhao Y, Li W L, et al. Enhanced Energy Storage Properties of Amorphous $BiFeO_3/Al_2O_3$ Multilayers [J] . Journal of Materials Research and Technology, 2021, 11: 1852-1858.

[44] Zhang X Y, Jiao P J, Cheng H, et al. High Energy Storage Performance in $Ba_{0.85}Ca_{0.15}Zr_{0.1}Ti_{0.9}O_3$-ZnO Hybrid Perovskite Solid Solution Thin Films [J] . Advenced Electronic Materials, 2022, 8 (9): 2200243.

[45] Singh M, Apata I E, Samant S, et al. Nanoscale Strategies to Enhance the Energy Storage Capacity of Polymeric Dielectric Capacitors: Review of Recent Advances [J] . Polymer Reviews, 2021, 62: 211-260.

[46] Liu Y Q, Yang B B, Lan Shun, et al. Perspectives on Domain Engineering for Dielectric Energy Storage Thin Films [J] . Applied Physical Letters, 2022, 120: 150501.

[47] Chen H Y, Zhou X F, Tang L, et al. HfO_2-Based Ferroelectrics: From Enhancing Performance, Material Design, to Applications [J] . Applied Physics Reviews, 2022, 9: 011307.

[48] Xu W H, Tang Y D, Yao H Y, et al. Dipolar Glass Polymers for Capacitive Energy Storage at Room Temperatures and Elevated Temperatures [J] . Chinese Journal of Polymer Science, 2022, 40: 711-725.

[49] 张昌海. 高储能密度聚偏氟乙烯基复合介质的制备与性能研究 [D] . 哈尔滨: 哈尔滨理工大学, 2017: 9-11.

[50] Zhang L, Liu M, Ren W, et al. ALD Preparation of High-k HfO_2 Thin Films with Enhanced Energy Density and Efficient Electrostatic Energy Storage [J] . RSC Advanced, 2017, 7: 8388.

[51] Spahr H, Nowak C, Hirschberg, F, et al. Enhancement of the Maximum Energy Density in Atomic Layer Deposited Oxide Based Thin Film Capacitors [J] . Applied Phycical Letters, 2013, 103: 042907.

[52] Yi S H, Lin H C, Chen M J. Ultra-High Energy Storage Density and Scale-Up of Anti-

ferroelectric $TiO_2/ZrO_2/TiO_2$ Stacks for Supercapacitors [J]. Journal of Materials Chemistry A, 2021, 9: 9081-9091.

[53] Zhang Y L, Li W L, Wang Z Y, et al. Ultrahigh Energy Storage and Electrocaloric Performance Achieved in $SrTiO_3$ Amorphous Thin Films via Polar Clusters Engineering [J]. Journal of Materials Chemistry A, 2019, 7: 17797-17805.

[54] Liu J P, Wang Y, Zhai X, et al. Energy Storage Properties of Sol-Gel-Processed $SrTiO_3$ Films [J]. Materials, 2023, 16 (1): 31.

[55] Huang R, Wang H Y, Tao C, et al. Evolution of Polarization Crystallites in $0.92BaTiO_3$-$0.08Bi(Ni_{0.5}Zr_{0.5})O_3$ Microcrystal-Amorphous Composite Thin Film with High Energy Storage Capability and Thermal Stability [J]. Chemical Engineering Journal, 2022, 433: 133579.

[56] Liang Z S, Ma C R, Shen L K, et al. Flexible Lead-Free Oxide Film Capacitors with Ultrahigh Energy Storage Performances in Extremely Wide Operating temperature [J]. Nano Energy, 2019, 57: 519-527.

[57] Fan Q L, Liu M, Ma C R, et al. Significantly Enhanced Energy Storage Density with Superior Thermal Stability by Optimizing $Ba(Zr_{0.15}Ti_{0.85})O_3/Ba(Zr_{0.35}Ti_{0.65})O_3$ Multilayer Structure [J]. Nano Energy, 2018, 51: 539-545.

[58] Sharma A, Pradhan D K, Pradhan S K, et al. Large Energy Storage Density Performance of Epitaxial BCT/BZT Heterostructures via Interface Engineering [J]. Scientific Reports, 2019, 9: 16809.

[59] Pan Z B, Wang P, Hou X, et al. Fatigue-Free Aurivillius Phase Ferroelectric Thin Films with Ultrahigh Energy Storage Performance [J]. Advanced Electronic Materials, 2020, 10 (31): 2001536.

[60] Guo F, Shi Z F, Yang B, et al. Flexible Lead-Free $Na_{0.5}Bi_{0.5}TiO_3$-$EuTiO_3$ Solid Solution Film Capacitors with Stable Energy Storage Performances [J]. Scripta Materialia, 2020, 184: 52-56.

[61] Ding J, Zhang Y L, Zhai Y Z, et al. Optimized Energy Storage Performances in Morphotropic Phase Boundary $(Na_{0.8}K_{0.2})_{0.5}Bi_{0.5}TiO_3$-Based Lead-Free Ferroelectric Thin Films [J]. Ceramics International, 2022, 48 (5): 6062-6068.

[62] Zhao Y Y, Ouyang J, Wang K, et al. Achieving an Ultra-High Capacitive Energy Density in Ferroelectric Films Consisting of Superfine Columnar Nanograins [J]. Energy Storage Materials, 2021, 39: 81-88.

[63] Wang P, Wang X S, Li G R, et al. Interface Engineering to Optimize Polarization and Electric Breakdown Strength of $Ba_2Bi_{3.97}Pr_{0.03}Ti_5O_{18}/BiFeO_3$ Ferroelectric Thin-Film for High-Performance Capacitors [J]. Chemical Engineering Journal, 2022, 433: 133676.

[64] Xiao S B, Sun H J, Liu X F, et al. High-Performance $(Na_{0.5}Bi_{0.5})(Ti_{0.97}Fe_{0.03})$

O_3-Based Heterostructure Thin Films for Energy Storage Capacitors [J] . Ceramics International, 2022, 48 (15): 21407-21415.

[65] Pan H, Li F, Liu Y, et al. Ultrahigh-Energy Density Lead-Free Dielectric Films via Polymorphic Nanodomain Design [J] . Science, 2019, 365: 578-582.

[66] Hu T Y, Ma C R, Dai Y Z, et al. Enhanced Energy Storage Performance of Lead-Free Capacitor in Ultra-Widen Temperature Range via Engineering Paraferroelectric and Relaxor Ferroelectric Multilayer Film [J] . ACS Applied Materials & Interfaces, 2020, 12 (23): 25930-25937.

[67] Lv P P, Yang C H, Qian J, et al. Flexible Lead-Free Perovskite Oxide Multilayer Film Capacitor Based on $(Na_{0.8}K_{0.2})_{0.5}Bi_{0.5}TiO_3/Ba_{0.5}Sr_{0.5}(Ti_{0.97}Mn_{0.03})O_3$ for High-Performance Dielectric Energy Storage [J] . Advanced Electronic Materials, 2020, 10 (14): 1904229.

[68] Chen X Y, Peng B L, Ding M J, et al. Giant Energy Storage Density in Lead-Free Dielectric Thin Films Deposited on Si Wafers with An Artificial Dead-Layer [J] . Nano Energy, 2020, 78: 105390.

[69] Lv P P, Qian J, Yang C H, et al. 4-inch Ternary $BiFeO_3$-$BaTiO_3$-$SrTiO_3$ Thin Film Capacitor with High Energy Storage Performance [J] . ACS Energy Letters, 2021, 6: 3873-3881.

[70] Pan H, Lan S, Xu S Q, et al. Ultrahigh Energy Storage in Superparaelectric Relaxor Ferroelectrics [J] . Science, 2021, 374: 100-104.

[71] Sun N, N, Du J H, Zhao Y, et al. Flexible Multilayer Lead-Free Film Capacitor with High Energy Storage Performances via Heterostructure Engineering [J] . Journal of Materiomics, 2022, 8 (4): 772-780.

[72] Liu M, Gong C Z, Yang B B, et al. Achieving High Energy Storage Performances in High-Entropy Epitaxial $Na_{0.5}Bi_{0.5}Ti_{0.7}Hf_{0.1}Zr_{0.1}Sn_{0.1}O_3$ Thin Film [J] . Applied Physics Letters, 2022, 121: 263903.

[73] Lee H J, Won S S, Cho K H, et al. Flexible High Energy Density Capacitors Using La-doped $PbZrO_3$ Antiferroelectric Thin Films [J] . Applied Physics Letters, 2018, 112: 092901.

[74] Shen B Z, Li Y, Sun N N, et al. Enhanced Energy-Storage Performance of All-Inorganic Flexible Bilayer-Like Antiferroelectric Thin Film via Using Electric Field Engineering [J] . Nanoscale, 2020, 12: 8958-8968.

[75] Tsai M F, Zheng Y Z, Lu S C, et al. Antiferroelectric Anisotropy of Epitaxial $PbHfO_3$ Films for Flexible Energy Storage [J] . Advanced Functional Materials, 2018, 31 (42): 2105060.

[76] Zhang Y L, Li X B, Song J M, et al. $AgNbO_3$ Antiferroelectric Film with High Ener-

gy Storage Performance [J]. Journal of Materiomics，2021，7 (6)：1294-1300.

[77] Hu J，Li W H，Tang X G，et al. Enhancement of Energy Storage Density and Efficiency of $PbHfO_3$ Doped with La Antiferroelectric Thin Films [J]. ACS Appied Energy Materials，2023，6 (1)：120-126.

[78] Yi S H，Chan Y C，Mo C L，et al. Enhancement of Energy Storage for Electrostatic Supercapacitors Through Built-In Electric Field Engineering [J]. Nano Energy，2022，99：107342.

[79] Meng XJ，Zhao Y，Zhu J，et al. High Energy-Storage Density and Efficiency in $PbZrO_3$-Based Antiferroelectric Multilayer Ceramic Capacitors [J]. Journal of the European Ceramic Society，2022，42 (14)：6493-6503.

[80] Cheng H B，Zhai X，Ouyang J，et al. Achieving A High Energy Storage Density in Ag (Nb，Ta) O_3 Antiferroelectric Films via Nanograin Engineering [J]. Journal of Advanced Ceramics，2023，12 (1)：196-206.

[81] E S，H M，et al. Antiferroelectric structure of lead zirconate [J]. Physical Review，1951，83 (5)：1078-1078.

[82] Jona F，Shirane G，et al. X-Ray andneutron diffraction study of antiferroelectric lead zirconate，$PbZrO_3$ [J]. Physical Review，1957，105 (3)：849-856.

[83] G S，E S，Y T，et al. Dielectric properties of lead zirconate [J]. Physical Review，1951，84 (3)：476-481.

[84] C K. Theory of antiferroelectric crystals [J]. Physical Review，1951，82 (5)：729-732.

[85] E C L. Ⅶ. A thermodynamic treatment of ferroelectricity and antiferroelectricity in pseudo-cubic dielectrics [J]. Philosophical Magazine，1956，1 (1)：76-92.

[86] Cross L E. Antiferroelectric-ferroelectric swithing in a simple “kittel” antiferroelctric [J]. Journal of the physical society of japan，1967，23 (1)：77-82.

[87] Sharifzadeh Mirshekarloo M，Tan C K I，et al. Stress effects on stabilizing antiferroelectric phase in multilayer ceramics [J]. Journal of the American Ceramic Society，2016，99 (4)：1429-1434.

[88] Tolédano P，Guennou M. Theory of antiferroelectric phase transitions [J]. Physical Review B，2016，94 (1)：014107.

[89] Zhang N，Yokota H，et al. The missing boundary in the phase diagram of $PbZr_{1-x}Ti_xO_3$ [J]. Nature Communications，2014，5：5231.

[90] Tagantsev A K，Vaideeswaran K，et al. The origin of antiferroelectricity in $PbZrO_3$ [J]. Nature Communications，2013，4：2229.

[91] Ko J-H，Górny M，et al. Mode softening，precursor phenomena，and intermediate phases in $PbZrO_3$ [J]. Physical Review B，2013，87 (18)：184110.

[92] Íñiguez J，Stengel M，et al. First-principles study of the multimode antiferroelectric transition in $PbZrO_3$ [J]. Physical Review B，2014，90 (22)：220103.

[93] Patel K，Prosandeev S，et al. Atomistic mechanism leading to complex antiferroelectric and incommensurate perovskites [J]. Physical Review B，2016，94 (5)：054107.

[94] Chaudhuri A R，et al. Epitaxial strain stabilization of a ferroelectric phase in $PbZrO_3$ thin films [J]. Physical Review B，2011，84：054112.

[95] Reyes Lillo S E，Rabe K M，et al. Antiferroelectricity and ferroelectricity in epitaxially strained $PbZrO_3$ from first principles [J]. Physical Review B，2013，88 (18)：1080102.

[96] Zhai J，Yao Y，et al. Dielectric properties of oriented $PbZrO_3$ thin films grown by sol-gel process [J]. Journal of Applied Physics，2002，92 (7)：3990-3994.

[97] Mani B K，Chang C M，et al. Critical Thickness for Antiferroelectricity in $PbZrO_3$ [J]. Physical Review Letters，2015，115 (9)：097601.

[98] Hu G L，Ma C R，Wei W，et al. Enhanced Energy Density with a Wide Thermal Stability in Epitaxial $Pb_{0.92}La_{0.08}Zr_{0.52}Ti_{0.48}O_3$ Thin Films [J]. Applied Physics Letters，2016，109 (19)：193904.

[99] 李异卓. 锆酸铅（$PbZrO_3$）基反铁电薄膜的制备及其储能性能 [D]. 合肥：中国科学技术大学，2020：24-26.

[100] Gonnard P，Troccaz M. Dopant Distribution Between A and B Sites in the PZT Ceramics of Type ABO_3 [J]. Journal of Solid State Chemistry，1978，23 (3)：321-326.

[101] Li Y Z，Wang Z J，Bai Y，et al. Enhancement of Energy Sorage Density in Antiferroelectric $PbZrO_3$ Films via the Incorporation of Gold Nanoparticles [J]. Journal of the American Ceramic Society，2019，102 (9)：5253-5261.

[102] Chaudhuri A R，Arredondo M，Hähnel A，et al. Epitaxial Strain Stabilization of a Ferroelectric Phase in $PbZrO_3$ Thin Films [J]. Physical Review B，2011，84 (5)：054112.

[103] Mirshekarloo M S，Yao K，Sritharan T. Ferroelastic Strain Induced Antiferroelectric-Ferroelectric Phase Transformation in Multilayer Thin Film Structures [J]. Advanced Functional Materials，2012，22 (19)：4159-4164.

[104] Ge J，Remiens D，Dong X L，et al. Enhancement of Energy Storage in Epitaxial $PbZrO_3$ Antiferroelectric Films Using Strain Engineering [J]. Applied Physics Letters，2014，105：112908.

[105] Zhang T D，Yin C，Zhang C H，et al. Self-Polarization and Energy Storage Performance in Antiferroelectric-Insulator Multilayer Thin Films [J]. Composites Part B：Engineering，2021，221：109027.

[106] Yin C，Zhang T D，Shi Z Z，et al. High Energy Storage Performance of All-Inorganic

Flexible Antiferroelectric-Insulator Multilayered Thin Films [J]. ACS Applied Materials & Interfaces, 2022, 14 (25): 28997-29006.

[107] Ye M, Sun Q, Chen X Q, et al. Electrical and Energy Storage Performance of Eu-Doped $PbZrO_3$ Thin Films with Different Gradient Sequences [J]. Journal of the American Ceramic Society, 2012, 95 (5): 1486-1488.

[108] Zhao Y, Hao X H, Zhang Q. Enhanced Energy-Storage Performance and Electrocaloric Effect in Compositionally Graded $Pb_{1-3x/2}La_xZr_{0.85}Ti_{0.15}O_3$ Antiferroelectric Thick Films [J]. Ceramics International, 2016, 42 (1): 1679-1687.

[109] Liang Z S, Liu M, Ma C R, et al. High-Performance $BaZr_{0.35}Ti_{0.65}O_3$ Thin Film Capacitors with Ultrahigh Energy Storage Density and Excellent Thermal Stability [J]. Journal of Materials Chemistry A, 2018, 6: 12291-12297.

[110] ElHarrad I, Becker P, Carabatos-Nédelec C, et al. Raman Anvestigation of Undoped, Niobium-Doped, and Lanthanum-Doped Lead Zirconate-Titanate Ceramics [J]. Journal of Applied Physics, 1995, 78 (9): 5581-5591.

[111] Sa T L, Qin N, Yang G W, et al. W-Doping Induced Antiferroelectric to Ferroelectric Phase Transition in $PbZrO_3$ Thin Films Prepared by Chemical Solution Deposition [J]. Applied Physics Letters, 2013, 102 (17): 172906.

[112] Dobal P S, Katiyar R S, Bharadwaja S S N, et al. Micro-Raman and Dielectric Phase Transition Studies in Antiferroelectric $PbZrO_3$ Thin Films [J]. Applied Physics Letters, 2011, 78 (12): 1730-1732.

[113] Shangguan D D, Duan Y N, Wang B L, et al. Enhanced Energy-Storage Performances of $(1-x)$ $PbZrO_3$-$x$$PbSnO_3$ Antiferroelectric Thin Films under Low Electric Fields [J]. Journal of Alloys and Compounds, 2021, 870: 159440.

[114] Gao R, Reyes-Lillo S E, Xu R J, et al. Ferroelectricity in $Pb_{1+\delta}ZrO_3$ Thin Films [J]. Chemistry of Materials, 2017, 29 (15): 6544-6551.

[115] Feng Y, Li W L, Xu D, et al. Defect Engineering of Lead-Free Piezoelectrics with High Piezoelectric Properties and Temperature-Stability [J]. ACS Applied Materials & Interfaces, 2016, 8 (14): 9231-9241.

[116] Yang C H, Qian J, Han Y J, et al. Designing All-Inorganic Flexible $Na_{0.5}Bi_{0.5}TiO_3$-Based Film Capacitor with Giant and Stable Energy Storage Performance [J]. Journal of Materials Chemistry A, 2019, 7 (39): 22366-22376.

[117] Peng B L, Zhang Q, Li X, et al. Large Energy Storage Density and High Thermal Stability in a Highly Textured (111)-Oriented $Pb_{0.8}Ba_{0.2}ZrO_3$ Relaxor Thin Film with the Coexistence of Antiferroelectric and Ferroelectric Phases [J]. ACS Applied Materials & Interfaces, 2015, 7 (24): 13512-13517.

[118] Wei X Y, Feng Y J, Yao X. Dielectric Relaxation Behavior in Barium Stannate Titanate

Ferroelectric Ceramics with Diffused Phase Transition [J]. Applied Physics Letters, 2003, 83 (10): 2031-2033.

[119] Shvartsman V V, Lupascu D C. Lead-Free Relaxor Ferroelectrics [J]. Journal of the American Ceramic Society, 2012, 95 (1): 1-26.

[120] Jeon A C, Kang S J L. Coherency Strain Enhanced Dielectric-Temperature Property of Rare-Earth Doped $BaTiO_3$ [J]. Applied Physics Letters, 2013, 102 (11): 6107-6114.

[121] 张天栋. $PbZrTiO_3$ 基复合薄膜的电卡效应和储能性能 [D]. 哈尔滨：哈尔滨工业大学，2017：18-20.

[122] Xu D, Li W L, et al. Large piezoelectric properties induced by doping ionic pairs in $BaTiO_3$ ceramics [J]. Acta Materialia, 2014, 79: 84-92.

[123] Feng Y, Li W L, et al. Defect engineering of lead-free piezoelectrics with high piezoelectric properties and temperature-stability [J]. ACS Applied Materials & Interfaces, 2016, 8 (14): 9231-9241.

[124] Tan X, Frederick J, Ma C, et al. Electric-field-induced antiferroelectric to ferroelectric phase transition in mechanically confined $Pb_{0.99}Nb_{0.02}[(Zr_{0.57}Sn_{0.43})_{0.94}Ti_{0.06}]_{0.98}O_3$ [J]. Physical Review B, 2010, 81 (1): 014103.

[125] Filatova E O, Konashuk A S, et al. Interpretation of the changing the band gap of Al_2O_3 depending on its crystalline Form: connection with different local symmetries [J]. The Journal of Physical Chemistry C, 2015, 119 (35): 20755-20761.

[126] Scott J F, Watanabe K, et al. Device models for PZT/PT, BST/PT, SBT/PT, and SBT/Bi ferroelectric memories [J]. Ferroelectrics, 1999, 225 (1): 83-90.

[127] Wang L Q, Li W H, Tang X G, et al. Bipolar Resistive Switching Characteristics of $PbZrO_3/LaNiO_3$ Heterostructure Thin Films Prepared by A Sol-Gel Process [J]. Ceramics International, 2021, 47 (4): 5617-5623.

[128] Zheng D W, Geng W P, Qiao X J, et al. High Energy Storage of La-Doped $PbZrO_3$ Thin Films Using $LaNiO_3$/Pt Composite Electrodes with Wide Temperature Range [J]. Journal of Sol-Gel Science and Technology, 2021, 98: 264-270.

[129] 何上恺，唐嗣麟，梁国闯，等. 底电极种类对 BCZT 薄膜储能性能的影响 [J]. 广西大学学报，2019，44 (5)：1422-1427.

[130] 张天栋. 锆钛酸钡钙基无铅压电薄膜的微观结构与电性能 [D]. 哈尔滨：哈尔滨工业大学，2012：36-40.

[131] Zhu M K, Dong X L, Chen Y, et al. Growth Control of RF Magnetron Sputtered $SrRuO_3$ Thin Films Through the Thickness of $LaNiO_3$ Seed Layers [J]. Ceramics International, 2016, 42 (12): 13925-13931.

[132] 张玉蕾. $Na_{0.5}Bi_{0.5}TiO_3$-$SrTiO_3$ 基无铅薄膜的结构设计与储能特性 [D]. 哈尔滨：

哈尔滨工业大学，2020：30-32.

［133］ 张天栋，杨连印，张昌海，等. 聚合物基复合薄膜的高温储能性能研究进展［J］. 中国电机工程学报，2021，41（5）：1526-1540.

［134］ Zhang T D，Yang L Y，Ruan J Y，et al. Improved High-Temperature Energy Storage Performance of PEI Dielectric Films by Introducing an SiO_2 Insulating Layer［J］. Macromolecular Materials and Engineering，2021，2100514.

［135］ Chen L M，Li Y，Zhang Q W，et al. Electrical Properties and Energy-Storage Performance of （$Pb_{0.92}Ba_{0.05}La_{0.02}$）（$Zr_{0.68}Sn_{0.27}Ti_{0.05}$）$O_3$ Antiferroelectric Thick Films Prepared by Tape-Casing Method［J］. Ceramics International，2016，42（12）：12537-12542.

［136］ Wang S B，Zhao P F，Jian X D，et al. Large Energy Storage Density and Electrocaloric Strength of $Pb_{0.97}La_{0.02}(Zr_{0.46-x}Sn_{0.54}Tix)O_3$ Antiferroelectric Thick Film Ceramics［J］. Scripta Materialia，2022，210：114426.

［137］ Wang P，Wang X S，Li G R，et al. Nanocrystalline Engineering Induced High Energy Storage Performances of Fatigue-Free $Ba_2Bi_{3.9}Pr_{0.1}Ti_5O_{18}$ Ferroelectric Thin Films［J］. ACS Applied Materials & Interfaces，2022，14（15）：17642-17651.

［138］ Cai H H，Yan S G，Zhou M X，et al. Significantly Improved Energy Storage Properties and Cycling Stability in La-Doped $PbZrO_3$ Antiferroelectric Thin Films by Chemical Pressure Tailoring［J］. Journal of the European Ceramic Society，2018，38：3177-3181.

［139］ Nguyen M D，Birkholzer Y A，Houwman E P，et al. Enhancing the Energy-Storage Density and Breakdown Strength in $PbZrO_3/Pb_{0.9}La_{0.1}Zr_{0.52}Ti_{0.48}O_3$-Derived Antiferroelectric/Relaxor-Ferroelectric Multilayers［J］. Advanced Energy Materials，2022，12（29）：2200517.

［140］ Ge S Y，Liu S，Feng W W，et al. Achieving High Energy Storage Performance and Thermal Stability Concurrently in the Cost-Cutting $Al_2O_3/Ba_{0.6}Sr_{0.4}Ti_{0.95}Ce_{0.05}O_3/ZrO_2$ Composite Films for Energy Storage Applications［J］. Ceramics International，2022，49（12）：9155-9164.

［141］ Ge J，Remiens D，Costecalde J，et al. Effect of Rresidual Stress on Energy Storage Property in $PbZrO_3$ Antiferroelectric Thin Films with Different Orientations［J］. Applied Physics Letters，2013，103（16）：162903.

［142］ Karthik J，Mangalam R，Agar J C，et al. Large Built-in Electric Fields Due to Flexoelectricity in Compositionally Graded Ferroelectric Thin Films［J］. Physical Review B，2013，87（2）：024111.

［143］ Huang C W，Chen L. Effects of Interfaces on the Structure and Novel Physical Properties in Epitaxial Multiferroic $BiFeO_3$ Ultrathin Films［J］. Materials，2014，7（7）：5403-5426.

[144] Dong J F, Hu R C, Xu X W, et al. A Facile In Situ Surface-Functionalization Approach to Scalable Laminated High-Temperature Polymer Dielectrics with Ultrahigh Capacitive Performance [J]. Advanced Functional Materials, 2021, 31 (32): 2102644.

[145] Zhou D, Li Q, Dang B, et al. A Scalable, High-Throughput, and Environmentally Benign Approach to Polymer Dielectrics Exhibiting Significantly Improved Capacitive Performance at High Temperatures [J]. Advanced Materials, 2018, 30: 1805672.

[146] Yuan C, Zhou Y, Zhu, Y J, et al. Polymer/Molecular Semiconductor All-Organic Composites for High-Temperature Dielectric Energy Storage [J]. Nature Communications, 2020, 11: 3919.

[147] Dong J F, Hu R C, Niu Y J, et al. Enhancing High-Temperature Capacitor Performance of Polymer Nanocomposites by Adjusting the Energy Level Structure in the Micro-/Meso-Scopic Interface Region [J]. Nano Energy, 2022, 99: 107314.

[148] Liu G, Feng Y, Zhang T D, et al. High-Temperature All-Organic Energy Storage Dielectric with the Performance of Self-Adjusting Electric Field Distribution [J]. Journal of Materials Chemistry A, 2021, 9: 16384-16394.

[149] Zhao Y S, Yang B, Liu Y P, et al. Capturing Carriers and Driving Depolarization by Defect Engineering for Dielectric Energy Storage [J]. ACS Applied Materials & Interfaces, 2022, 14 (5): 6547-6559.

[150] Zhao P Y, Wang H X, Wu L W, et al. High-Performance Relaxor Ferroelectric Materials for Energy Storage Applications [J]. Advanced Energy Materials, 2019, 9 (17): 1803048.

[151] Tang Z H, Hu S C, Yao D Y, et al. Enhanced Energy-Storage Density and Temperature Stability of $Pb_{0.89}La_{0.06}Sr_{0.05}(Zr_{0.95}Ti_{0.05})O_3$ Antiferroelectric Thin Film Capacitor [J]. Journal of Materiomics, 2022, 8 (1): 239-246.

[152] 张月. 锆钛酸钡钙纤维-聚偏氟乙烯复合介质的制备与储能性能 [D]. 哈尔滨: 哈尔滨理工大学, 2019: 40-45.

[153] Zhang T D, Li W L, Zhao Y, et al. High Energy Storage Performance of Opposite Double-Heterojunction Ferroelectricity-Insulators [J]. Advanced Functional Materials, 2018, 28 (10): 1706211.

